KB270064

생각을 키우는
호기심 만점 물리여행

생각을 키우는
호기심 만점 물리여행

| 찍은날 | 2008년 9월 1일 |
| 펴낸날 | 2008년 9월 8일 |

엮은이	손 동 식
감수한이	김 경 신
펴낸이	조 명 숙
펴낸곳	도서출판 맑은창
등록번호	제16-2083호
등록일자	2000년 1월 17일

주소	서울·금천구 가산동 771 두산 112-502
전화	(02) 851-9511
팩스	(02) 852-9511
전자우편	hannae21@korea.com

ISBN 89-86607-42-5 03420

값 8,000원

• 잘못된 책은 바꾸어드립니다.

생각을 키우는

호기심 만점 물리 여행

손동수 엮음 김경신 감수

도서출판 맑은창

책머리에

2005년은 물리학자 아인슈타인이 서거한 지 50주년이 되는 해이자 상대성 이론을 발표한 지 100주년을 맞이하여 유엔은 2005년을 '세계 물리의 해'로 정하고 '세계 빛의 축제' 등 아인슈타인을 기념하는 많은 행사를 하였다.

'물리'라는 말만 들어도 골치 아파 하는 독자들에게 이유를 물어보면, '물리는 딱딱하고 재미없다' '물리는 어렵다' 등 여러 반응을 보인다.

그러나 알고 보면 우리는 일상생활에서 알게 모르게 과학의 원리가 적용된 현상을 수없이 경험하게 된다.

〈스펀지〉라는 텔레비전 프로그램을 보면 우리가 평소에 모르고 지나쳤던 과학의 원리가 여러 가지로 적용된 것을 알게 된다. 그걸 보면 과학의 원리나 법칙은 무조건 따분하고 어려운 게 아니라 흥미롭다는 것을 새삼 느낀다.

《호기심 만점 물리여행》에는 우리가 일상생활 중에 수없이 경험하는 물리적인 현상을 이해하기 쉽고 재미있게 그림과 사진을 곁들여 설명하였기 때문에 독자들로 하여금 과학적인 사고력을 키우는 데 많은 도움이 되리라고 믿는다. 또한 평소에 '물리'를 재미있고 친근하게 느끼게 되고, 흥미를 가질 수 있으리라고 믿는다.

차 례
CONTENTS

제1장   힘의 원리가 숨어 있는 물리

제2장　열의 원리가 숨어 있는 물리

차   례

차 례

차　례

제1장
힘의 원리가 숨어 있는 물리

총신과 포신 안쪽에는 강선이 있다
- 총알과 팽이는 사촌? -

총과 대포를 처음 발명했을 때 총신과 포신 안 벽은 매끄럽고 강선(라이플링, 나선형 홈)이 없었다. 따라서 총알과 포탄이 총신에서 발사되어 곧바로 날아가기만 할 뿐 명중률이 매우 낮았다. 때로는 총알이나 포탄이 멀리 날아가지 못하고 도중에서 곤두박질쳐 땅에 떨어지는 경우도 있었다. 총알이나 포탄은 날아가는 과정에 공기의 저항력을 받아 언제나 좌우로 흔들리면서 방향이 안정되지 못하여 목표물에 명중하기 어려웠다. 총알이 강한 기류를 만나면 공중에서 곤두박질하는 경우도 있었다.

많은 병기 전문가들은 이 난제를 풀려고 골머리를 앓았다. 후에 이들은 어린이들이 가지고 노는 팽이에서 착상을 얻었다. 만약 한 물체가 자신을 축으로 빠르게 회전할 때면 회전 관성에 의하여 회전축선의 방향은 끝까지 변하지 않는다. 그 한 예로 팽이는 돌아가면서 회전 방향이 안정되고 좌우로 비틀거리지 않는다.

이렇게 해서 총신과 포신 안벽에 나선 형태의 홈을 파는 설계안이 만들어졌다. 이렇게 하면 총알과 포탄은 총신의 강선(나선)을 따라 총구를 빠져나간 후 팽이처럼 자체의 축선을 돌면서 고속으로 회전하게 된다. 탄알은 회전 관성에 의하여 공중에서 날아갈 때 좌우로 흔들리지 않고 곧장 목표물을 향해 날아가 명중한다.

팽이는 빨리 돌수록 쉽게 넘어지지 않는다. 총알이나 포탄도 날아갈 때 빨리 돌수록 그 비행 방향도 더욱 안정된다. 때문에 현재 군대에서 쓰이는 소총의 총신 안벽에는 대부분 네 줄의 나선형 홈을 파놓았는데 총알이 총구를 빠져나갈 때의 회전수는 3600회/s에 달한다.

고양이는 높은 곳에서 떨어져도 다치지 않는다

제1장 힘의 원리가 숨어 있는 물리

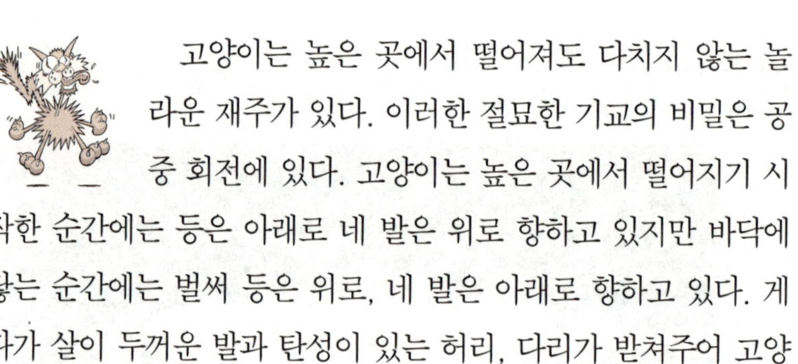

고양이는 높은 곳에서 떨어져도 다치지 않는 놀라운 재주가 있다. 이러한 절묘한 기교의 비밀은 공중 회전에 있다. 고양이는 높은 곳에서 떨어지기 시작한 순간에는 등은 아래로 네 발은 위로 향하고 있지만 바닥에 닿는 순간에는 벌써 등은 위로, 네 발은 아래로 향하고 있다. 게다가 살이 두꺼운 발과 탄성이 있는 허리, 다리가 받쳐주어 고양이는 안전하게 '착륙'한다.

19세기 말에 한 물리학자는 고양이의 절묘한 기교인 공중 회전에 대하여 커다란 흥미를 가지고 고속 촬영으로 고양이가 높은 곳에서 떨어지는 전반 과정을 촬영한 후 고양이가 떨어질 때 $1/8s$라는 순간에 몸을 돌린다는 것을 발견하였다. 물리적으로 외력 모멘트의 작용이 없으면 원래 돌지 않던 물체는 스스로 돌아갈 수 없다. 고양이는 떨어지기 시작할 때 몸을 돌리지 않고 또 떨어지는 과정에 외력 모멘트의 작용도 받지 않으므로 고양이는

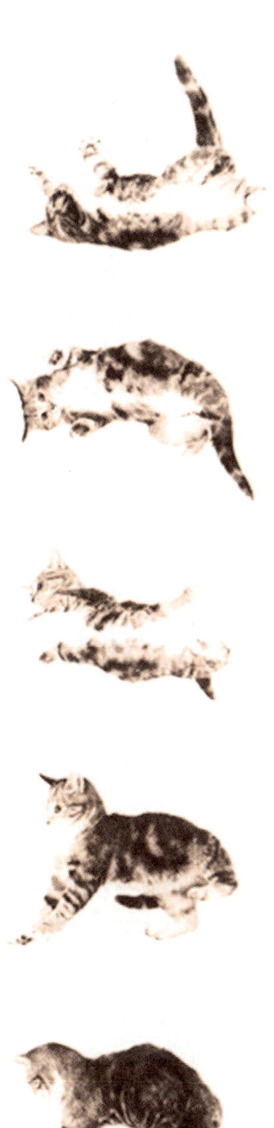

응당 원래의 자세를 유지하며 바닥에 닿아야 한다.

그렇다면 고양이는 어떻게 공중에서 회전 동작을 할까? 한 과학자는 그 비밀이 고양이의 꼬리에 있으며, 고양이는 떨어지는 과정에 빠른 속도로 한 방향으로 꼬리를 젓는다고 하였다. 역학에서의 각운동량 보존 법칙의 원리로부터 분석하면 고양이의 몸은 다른 한 방향으로 돌아가게 된다. 그런데 계산 결과 만약 고양이가 단지 꼬리를 젓는 동작만으로 공중 회전을 완성하자면 $1/8\,s$ 사이에 꼬리를 수십 번 저어야 한다. 이는 비행기의 프로펠러가 돌아가는 속도와 같으니 불가능하다.

물리학자들은 또다시 실험을 거듭하여 고양이는 떨어지는 과정에서 척추를 차례로 각 방향을 향하여 구부리면서 회전을 한다고 결론지었다. 그림에서 볼 수 있는 바와 같이 두 손으로 고양이의 네 다리를 쥐고 있다가 손을 놓는 순간의 고양이의 각운동량은 0이다. 고양이는 떨어지는 과정에서 중력의 작용을 받기는 하지만 중력이 질량 중심에 작용하므로 외력 모멘트는 0이다. 그러므로 고양이가 떨어지는 과정에 어느 시각이든 언제나 각운동량을 0으로 유지한다.

고양이는 높은 곳에서 떨어질 때 본능적으로 몸을 돌린다. 이때 고양이는 꼬리를 쭉 펴고 몸 회전 방향과 반대되는 방향으로 젓는다. 따라서 고양이의 총 각운동량은 0으로 유지된다. 고양이는 척추가 비교적 유연하고 신축성이 있어 몸을 돌리는 한편 또 교묘하게 몸체와 네 발을 웅크렸다 폈다를 반복하면서 체중의 분포를 조절하여 각운동량을 0으로 유지함으로써 회전 목표를 달성한다.

체조나 다이빙 경기에서 운동 선수들은 공중으로 뛰어오른 후 짧은 몇 초 사이에 공중 곤두박질, 몸 회전 등 갖가지 고난도의 동작을 완성해야 한다. 비록 이러한 동작은 고양이의 공중 회전보다 복잡하기는 하지만 원리는 비슷하다.

요요는 스스로 되돌아온다?
되돌아오지 않고 잠자는 요요는?

제1장 힘의 원리가 숨어 있는 물리

요요는 한 쌍의 원판 사이에 줄이 달려 있어 여러 기술을 부릴 수 있는 재미있는 놀잇감이다. '요요'는 '다시 돌아온다'는 뜻을 가진 필리핀 말인데, 클라이밍 톱이라고도 한다. 요요에는 자이로스코프(자유롭게 회전할 수 있도록 만들어진 복잡한 팽이의 일종)의 원리가 응용되어 있다.

요요의 기원에 대해서는 중국에서 만들어져 인도를 거쳐 18세기 유럽으로 전해졌다는 설, 그리스의 발명품이라는 설, 또는 필리핀 원주민의 사냥 도구를 미국인이 상업적으로 발전시켰다는 설이 있다. 1931년 미국의 사업가인 도널드 던컨이 '잠자는 요요'를 만들어 선보였는데, 이후 여러 가지 요요가 만들어졌다.

요요 놀이를 할 때 손으로 요요의 짧은 축에 감아놓은 끈의 한쪽 끝을 잡고 요요를 아래로 던지면 요요는 축에 감아놓은 끈이 한 바퀴, 두 바퀴 풀려짐에 따라 회전하면서 빠르게 낙하한다. 끈이 모두 풀려 수직으로 드리워지면 요요는 또 반대 방향으로 짧

은 축에 끈을 감으면서 회전하는 그 맵시로 손까지 되돌아온다. 다시 요요를 던지면 요요는 또 낙하하였다가 되돌아온다.

요요는 어떻게 스스로 손으로 되돌아오는 것일까? 여기에는 물체의 운동 에너지와 위치 에너지가 서로 전환하는 역학 원리가 들어 있다. 요요를 손에 쥐고 있을 때 요요의 운동 에너지는 0이고, 위치 에너지는 최대가 된다. 요요가 손에서 던져지면 요요는 회전하면서 아래로 운동하기 시작하며, 중력의 작용으로 인하여 더욱 빨리 회전한다. 요요의 위치가 계속 하강하면서 운동 에너지가 계속 커짐에 따라 위치 에너지는 끊임없이 감소된다. 이때 요요의 위치 에너지는 운동 에너지로 전환된다.

요요가 회전하면서 최저점에 이르렀을 때 요요의 운동 에너지는 최대가 되고 위치 에너지는 최소가 된다. 최저점에 이른 후 요요는 다시 끈을 따라 위로 올라오면서 제일 빠른 속력으로 회전하는데, 요요가 상승함에 따라 그 회전 속력은 점점 더 감소한다. 이때 요요의 운동 에너지는 또 계속하여 위치 에너지로 전환되고 최고점이 되면 회전 운동이 멈춰진다. 이때 요요의 운동 에너지는 0이 되고 위치 에너지는 최대가 된다.

역학적 에너지 보존의 법칙에 따르면 외력이 없거나 외력의 합이 0일 경우 물체의 역학적 에너지의 총합은 변하지 않는다. 이런 이치로 보면 요요는 마땅히 원래의 위치로 되돌아와야 한다. 그런데 요요가 회전하면서 아래 위로 운동하는 과정에서 공기의 저항력과 끈과 짧은 축 사이의 마찰력 때문에 일부 에너지를 잃게 된다. 에너지를 보충하지 않으면 요요는 원래의 높이까지 올라오지 못한다. 그러므로 요요 놀이를 할 때에는 일정한 기교가 있어야 하며, 끊지 말고 요요에 일부 에너지를 보충해 주어야 한다.

그렇다면 어떻게 에너지를 보충할까? 요요가 돌면서 최저점에 이르고 끈이 위로 감겨들기 시작하는 순간에 손으로 슬쩍 잡아당겨 줌으로써 팽팽해진 줄을 헐렁하게 해주어 요요가 더 빨리 회전할 수 있도록 하여 운동 에너지를 조금 보충해 준다. 강하게 회전할수록 강하게 올라오게 된다. 이렇게 하면 요요는 쉬지 않고 회전하면서 아래 위로 오르내린다.

이렇게 과거 방식의 요요는 축에 끈을 '단단히 묶은 것'으로 위치 에너지의 최저점에서 순간적으로 다시 방향을 바꿔 되돌아오게 된다. 이와 달리 1931년 미국의 던컨이 판매한 요요는 '잠자는 요요(sleeper 또는 long sleeper)' 또는 브레이크 요요라고도 한다. 그 원리는 요요의 끈을 축에 '단단히 묶는 것' 대신 '꼬인 줄'을 요요의 축에 감음으로써 위치 에너지의 최저점에서 풀려진 요요가 다시 감겨 올라가지 않고 조용히 회전하며 잠자는 듯이 있게 된다. 가만히 두면 마찰력 등으로 운동 에너지가 다 소모되어 멈출 때까지 회전만 할 뿐 절대 올라오지 않는다. 이때도 손목의 스냅을 이용해 살짝 잡아당김으로써 요요의 잠을 깨울 수 있고 이 특성을 이용해 여러 기술도 부릴 수 있다. 축에 베어링을 부착하여 마찰력을 줄임으로써 고속으로 더 오랫동안 회전하는 요요도 있다.

위 방식의 요요를 논클러치식 요요라 하는데, 이 논 클러치식 요요와 달리 초보자용으로서 클러치식 요요도 있다. 요요 내부에 클러치, 즉 볼베어링(쇠구슬)과 스프링을 넣음으로써 요요가 회전할 때 볼베어링의 원심력이 클러치를 벌려 놓아 회전 속도가 줄어들지 않는다. 요요의 회전 속도를 늦추면 볼베어링의 원심력도 약해져 클러치가 축을 조이게 되어 요요가 감겨 올라오게 된다.

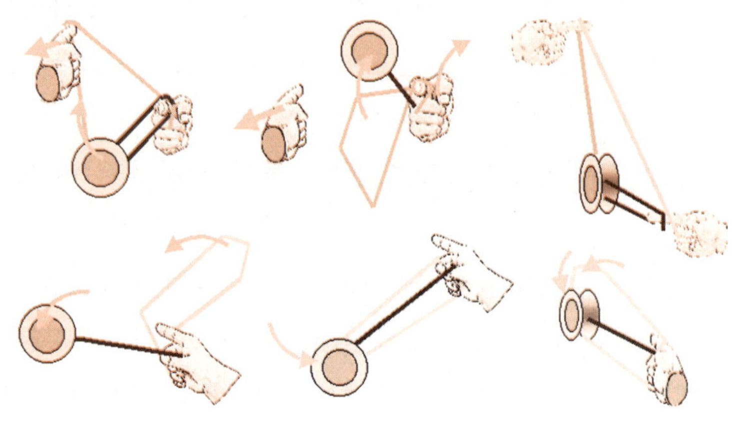

다양한 요요 동작

배구선수가 뒹굴며 공을 살려내는 까닭

제1장 힘의 원리가 숨어 있는 물리

배구 시합에서 선수들이 위험한 공을 살려내기 위하여 때때로 공중제비를 하며 뒹구는 것을 볼 수 있다. 평상시 훈련에서도 선수들은 수없이 바닥에서 뒹굴며 곤두박질을 하는 훈련을 한다.

사람이 점프를 했다가 바닥에 닿는 순간의 속도는 매우 빨라 충격력이 대단히 크다. 이때 손이나 팔로 바닥을 짚는다면 이런 부위는 인체에서 좀 취약한 곳이며 게다가 힘을 받는 면적이 작고 충격력이 크기 때문에 팔을 삐거나 뼈가 부러지는 등 몹시 다칠 수 있다. 따라서 몸을 다치지 않게 하려면 신체 어느 부위를 먼저 땅에 닿게 해야 하는가

하는 것이 중요한 문제가 된다. 만약 바닥에 넘어질 때 민첩하게
몸을 웅크리고 몸에서 비교적 튼튼한 어깨·등이 먼저 바닥에 닿
게 하면서 곤두박질을 하면 힘을 받는 면적이 넓어져 압력이 감
소되어 몸이 다치지 않을 수 있다. 또 곤두박질 동작 후 쉽게 일
어날 수 있어 원래의 평형 자세를 빨리 회복할 수 있다.

'바나나킥'은 공이 휘어져 날아간다

제1장 힘의 원리가 숨어 있는 물리 

축구 경기에서 규칙 위반을 하게 되면 상대편에 프리킥의 기회가 주어진다. 골문과 가까운 거리에서 프리킥을 할 경우 수비측은 5 ~ 6명의 선수가 골문 앞에서 '인간 방패' 역할을 하며 날아오는 공을 막는다. 공격측의 프리킥을 하는 선수가 힘있게 공을 차면 공은 '인간 방패'를 에돌아 골문 옆을 스쳐지날듯이 날아가다가 다시 휘어져 꺾어들어 곧장 골문 안으로 날아들어간다. 골키퍼는 미처 손을 쓸 새도 없이 공이 자기 골문 안으로 날아들어가는 것을 바라본다. 이것이 바로 '바나나킥'이다.

축구공은 어떻게 공중에서 휘어져 날아갈까? 공을 찼을 때 공은 공기 속에서 전진하는 한편 끊임없이 회전한다. 이때 한편으로는 공기가 공을 맞받아 뒤로 유동하며, 다른 한편으로는 공기와 공 사이의 마찰 때문에 공 주위의 공기도 따라 회전한다. 이래서 공을 사이에 두고 한쪽의 공기는 유동 속도가 빨라지고 다른

한쪽 의 공기는 유동 속도가 늦어진다. 유동 기체는 유속이 빠를 수록 압력 세기가 작아진다. 공 양쪽 공기의 유동 속도가 다르므로 그것들이 공에 주는 압력 세기도 달라진다. 그리하여 공은 공기 압력의 작용하에서 공기 유속이 빠른 쪽으로 기울어 꺾어든다.

그리하여 공을 다루는 재주가 뛰어난 축구 선수는 프리킥을 할 때 공의 중심을 차는 것이 아니라 한쪽으로 조금 편향하여 공을 날린다. 만약 발을 공 중심의 왼쪽에 대면 공은 오른쪽으로 꺾여 날고 공 중심의 오른쪽에 대면 공은 왼쪽으로 꺾여 날아간다. 이것이 '바나나킥' 의 비밀이다.

산에 놓인 도로는 구불구불 굽이돈다

제1장 힘의 원리가 숨어 있는 물리

산기슭에서 산꼭대기로 오르는 자동차 도로는 곧바로 되어 있지 않고 반드시 굽이길을 돌아서 오르도록 되어 있다. 이렇게 하면 자동차는 안전하게 달릴 수 있을 뿐만 아니라 경우에 따라 연료도 절약할 수 있다.

길을 걷거나 자전거를 탈 때 낮은 곳에서 높은 곳으로 오르자면 평지보다 힘이 든다. 또 언덕에 오를 때도 가파른 길을 걷기가 더 숨이 차다. 그래서 사람들은 비탈길을 오를 때면 비탈길의 경사도를 작게 하여 오르려고 한다. 일정한 높이의 비탈길에서는 비탈길의 경사면이 길수록 경사도가 작다. 때문에 사람들은 흔히 경사면을 연장하는 방법으로 경사도를 줄여 힘을 덜려고 한다.

예를 들어 무거운 짐을 실은 짐수레를 밀고 언덕길을 오를 경우 직선으로 밀고 가면 힘이 더 든다. 그런데 S형으로 짐수레를 밀고 언덕길을 오르면 훨씬 편하다. 이 방법은 길이로 계산하면 원래 길이보다 더 가는 것이지만 그대신 힘이 덜 든다. S형으로 오른다는 것은 경사면을 길게 하여 경사도를 작게 한다는 것을 의미한다.

또 한 가지 예는, 높은 다리 양쪽에는 모두 길게 뻗은 진입로가 있는데, 진입로를 나선형으로 놓는 경우가 많다. 이것도 진입로의 경사도를 작게 하려고 진입로를 길게 만든 것이다.

줄타기하는 곡예사의
팔을 묶는다면

줄타기는 오랜 역사를 가지고 있는 서커스(곡예) 종목의 하나이다. 줄타기 곡예를 보면 곡예사의 정확한 기교 동작에 감탄한다.

곡예사가 공중에 건너지른 가느다란 줄 위에서 평지처럼 자유롭게 걸어다니며 갖가지 재주를 부리고 재담을 섞어가며 타령까지 할 때면 관중들은 감탄의 박수 갈채를 보내곤 한다.

곡예사가 줄 위에서 걸어다닐 때 왜 떨어지지 않을까?

그 답은 평형이다. 물체가 평형을 유지하려면 물체의 중력 작용선(중력 중심이 지나는 수직선)이 반드시 받침면(물체와 그 물체를 받드는 물체와의 접촉면)을 지나야 한다. 만약 중력 작용선이 받침면을 지나지 않을 경우에는 물체가 곧 넘어진다.

물체 평형의 조건에서 보면 곡예사가 줄 위에서 공연할 때 곡예사 몸의 중력 작용선은 항상 접촉면인 줄을 지나야 한다. 줄이 매우 가늘어 사람과의 접촉면도 아주 작기 때문에 보통 사람은 자기 몸의 중력 작용선이 줄 위 받침면에 바로 놓이게 하기 어렵다. 그래서 보통 사람은 줄 위에 올라가면 몇 발자국 못 가서 떨어지고 만다.

곡예사가 줄을 탈 때에는 두 팔을 뻗고 좌우로 흔드는데, 이는 바로 몸의 중심을 조절하여 몸의 중력 작용선이 줄 위에 놓이게

끔 하여 몸의 평형을 새롭게 회복하기 위해서다. 평소에 우리들도 이와 같은 생활 체험이 있다. 몸이 비틀거리며 넘어지려 할 때 우리는 무의식적으로 두 팔을 뻗고 좌우로 흔들게 되고 그러면 몸이 다시 평형을 찾아 바로 서게 된다. 이때 우리도 역시 두 팔을 흔들어 몸의 중심을 조절하는 것이다.

때로는 줄타기를 할 때 곡예사가 손에 긴 장대나 우산, 지팡이, 꽃부채 등을 쥐고 공연하는 것을 볼 수 있다. 이런 물건은 곡예사가 몸의 평형을 잡도록 도와주는 보조적 도구로써 두 팔의 길이를 연장시키는 작용을 한다.

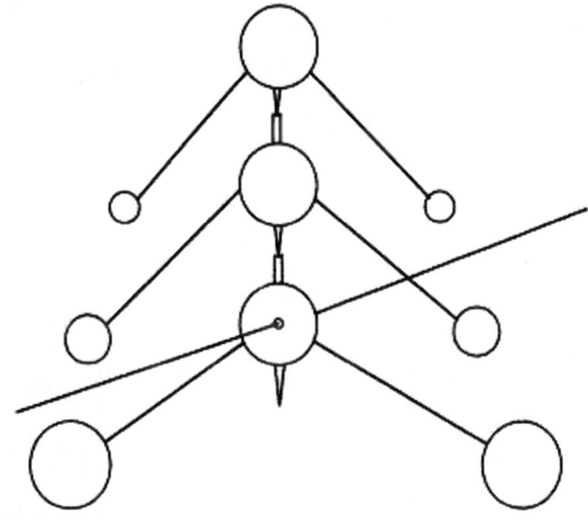

08

물로도 쇠붙이를 끊고 깎을 수 있다
- 물로 칼 베기 -

제1장 힘의 원리가 숨어 있는 물리

물은 액체이며 고정된 형태가 없다. 사람들은 흔히 부드럽고 온화한 부드러운 마음씨를 물에 비유하는 때가 많다. 하지만 과학자들은 도리어 물을 섬광이 번쩍이는 날카로운 '칼'로 만들어 흙을 파거나 광석을 캐거나 강판을 자르는 일에 이용하고 있다.

사람들은 연구 끝에 고압 물흐름이 물체의 표면을 때리는 최초의 백만분의 몇 초 때의 순간적 압력이 대단히 크다는 것을 발견하였다. 고압 물흐름의 특징을 이용하여 사람들은 석탄을 캐는 수력 채탄기를 만들어냈다. 고압 펌프로 수압을 수백MPa(메가 파스칼)로 높이면 석탄층의 석탄이 센 물줄기의 충격을 받아 와르르 떨

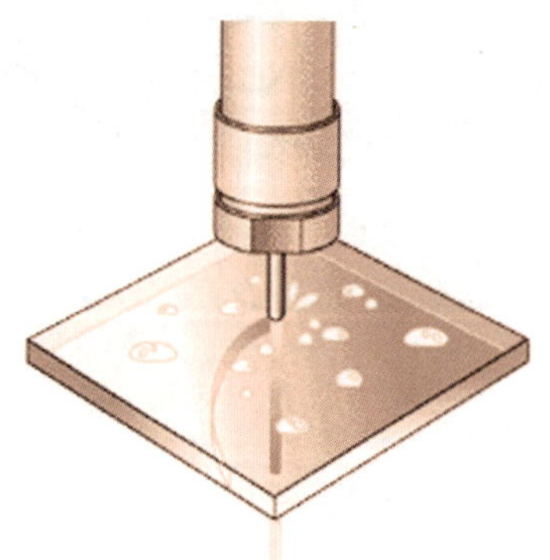

어져 내린다. 떨어져 내린 석탄을 물과 함께 펌프로 지면까지 끌어올린다. 이것을 수력 채탄법이라고 한다.

물로 강판을 자르는 문제는 석탄을 캐는 문제보다 좀 복잡해진다. 왜냐하면 철판의 극한 강도는 대략 $1cm^2$당 $4000\,kg$의 압력을 받아내므로 수압을 이처럼 큰 압력까지 높이자면 아무리 좋은 밀폐 설비라 해도 압력을 이겨내지 못해 터져 버리기 때문이다. 밀폐 난제를 풀기 위하여 과학자들은 기계에 5%의 가용성 유화유를 넣었다. 이렇게 하면 윤활 작용도 할 수 있고 밀폐 효과도 높일 수 있다.

한편 밀폐한 고압 펌프에 대해서도 특수 처리를 하였다. 두 층의 밀폐 고리 사이에 유액을 주입하였는데 유액이 고압 조건에서 점성이 크게 변하는 특징을 이용하여 고압 물 펌프 설비의 밀폐 성능을 보완하였다.

물은 고정된 형태가 없기 때문에 물이 분출구에서 뿜어져 나간 후 금방 흩어져 버린다. 밀집된 물기둥이 흩어지면 물의 압력이 낮아지고 정확하게 절단할 수 없게 된다. 이에 대한 대책으로 물에 폴리비닐 산화물과 같은 긴사슬 중합체를 넣는다. 물 분자를 이런 긴사슬 중합체에 붙임으로써 분출구에서 분사되는 물줄기가 먼 거리까지 흩어지지 않고, 마치 점점이 붙여 놓은 한 갈래 긴 실오리처럼 뭉쳐져 센 압력을 유지하도록 한다.

또한 수압이 크기 때문에 분사구 재료의 강도를 높여야 하고, 동시에 분사구의 지름을 작게 해야 한다. 이래야 뿜어져 나온 물줄기가 빗나가지 않고 정확하게 목표물에 명중할 수 있다. 고압 수력 절단기의 분사구는 고급 경질 합금, 청옥, 금강석 등의 재료로 만드는데, 그 구멍의 지름은 0.05㎜이고, 구멍의 안벽은 매끄럽고 균일해서 1700MPa의 수압을 견뎌낼 수 있다.

물로 만든 '칼'은 많은 장점을 가지고 있다. 용도가 넓어 강판·동판·유리·비닐 등 재료는 모두 '물칼'로 절단할 수 있다. 물칼이 절단한 재료의 절단면은 톱으로 켠 것처럼 거칠지 않고 매끄럽고 균일하다. 또한 레이저나 카바이드(탄화칼슘)로 절단했을 때처럼 절단한 가장자리의 온도가 높아지면서 가공품이 변형되는 현상이 생기지도 않는다. 그리고 일부 화학 공업 합성 재료를 절단할 때에도 유동성 기체를 방출하거나 먼지 연기가 생겨나는 일이 없으며 더욱이 재료가 물에 젖는 일도 없다. 물이 뚫고 나가는 속도가 1초에 1~2㎞ 정도로 대단히 빠르기 때문이다.

고압 수력 절단 기술은 실생활에 많이 적용되고 있다. 다이아몬드 칼이나 레이저 칼로도 할 수 없는 일, 항공기에 쓰이는 단단한 신소재의 절단, 원자력 발전소의 해체 작업 등에 이용될 수 있다.

과학 기술이 발전됨에 따라 '물칼'의 응용 범위는 날로 넓어지고 있다.

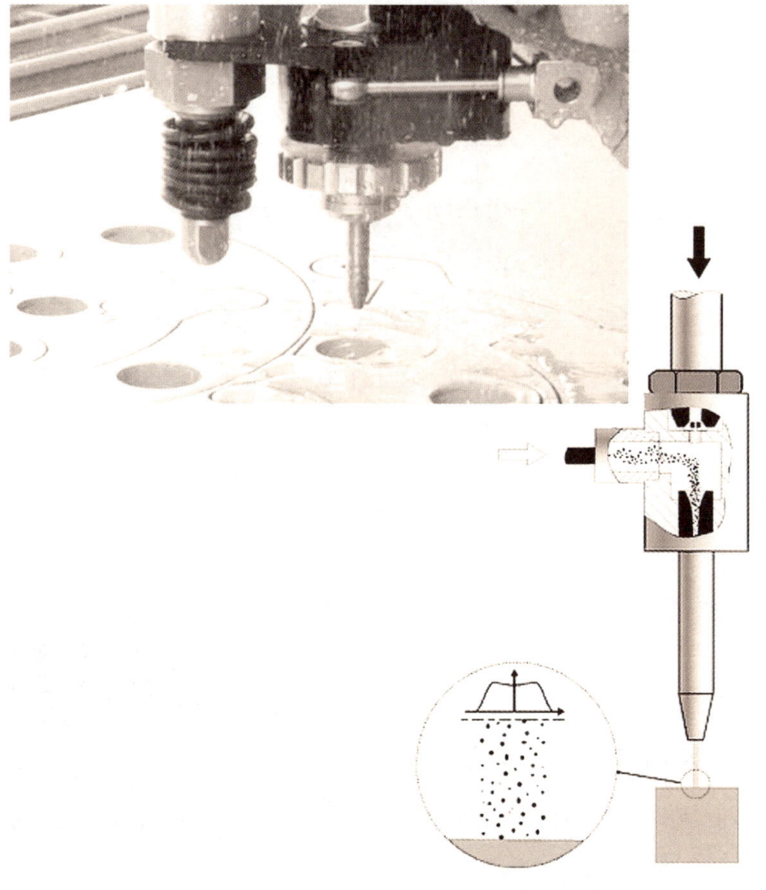

09

수상 스키는 왜 가라앉지 않는가

제1장 힘의 원리가 숨어 있는 물리

수상스키 선수는 풍랑을 헤치며 물 위에서 여러 가지 기교를 부린다. 어떻게 수상스키 선수는 스키 위에 서서 가라앉지 않을까?

비밀은 바로 이 넓고 짧은 스키에 있다. 수상 스키 선수가 스키를 신고 물을 지칠 때 언제나 두 발을 힘주어 버티면서 스키를 밟고 있어 스키와 수면 사이에 한 개 끼인각(협각)이 이루어지게 된다.

모터 보트가 앞에서 빠른 속도로 선수를 끌어줄 때 선수는 앞으로 나아가는 수평면에서의 견인력을 받는다. 동시에 스키 위에 선 선수는 힘 있게 버티며 스키를 밟고 있어 스키를 수면에 비스듬히 아래로 향하게 하여

힘을 가해 준다. 모터 보트가 빨리 달릴수록 선수가 수면에 가해
주는 힘도 더 커진다. 물은 압축되지 않기에 작용과 반작용의 원
리에 따라 수면은 스키를 통해 반대로 선수에게 비스듬히 위로
향한 반작용력을 가해 주는데, 바로 이 반작용력이 선수가 물에
가라앉지 않도록 받쳐주는 힘이 된다. 물론 이 반작용력의 수평
방향에서의 분력은 선수가 앞으로 활주하는 저항력으로 작용하
기도 하지만 모터 보트의 견인력이 이 부분의 저항력을 상쇄하여
준다.

　때문에 수상스키 선수는 기술을 잘 연마하여 발 밑 스키의 경
사 각도를 정확하게 조절하기만 하면 물 위에서 쾌속으로 활주하
면서 여러 가지 동작을 할 수 있다.

연잎에 맺힌 물방울은 모두 둥글다
- 표면 장력을 관찰해 보자 -

여름에 연잎에 물을 끼얹으면 영롱한 물방울들이 마치 접시에 담긴 반짝이는 구슬처럼 데구루루 구른다. 연잎에는 솜털이 많아 물이 연잎까지 직접 닿지 않기 때문이다.

연잎 위의 물방울은 왜 동그랄까? 물방울 표면의 분자는 내부 분자들의 흡인력을 받아 안으로 향해 운동하려는 경향이 생기면서 물방울의 표면적을 가능한 한 가장 작게 하려고 한다. 어느 정도로 작아질까? 물방울의 부피는 변하지 않으며 그것이 동그랗게 공 모양이 될 때라야 표면적이 제일 작아진다. 그러므로 작은 물방울은 동그란 물방울이 된다.

아이들은 비눗물을 풀어놓고 빨대로 불어 비눗방울 만들기를 좋아한다. 비눗방울 안에는 공기가 들어 있고 비눗방울 안팎의 두 액체 표면은 끊임없이 수축하는데, 안에 있는 공기가 더 이상 압축될 수 없을 때 비눗방울은 더 수축되지 않는다. 이때 비눗방

울은 자그마한 동그란 공 모양이 된다.

액체 표면의 분자는 내부 분자의 흡인력을 받기에 액체 표면은 수축되려고 한다. 그리하여 액체 표면의 서로 인접하고 있는 부분은 서로 끌어당기는 힘이 생기는데, 서로 끌어당기는 이 힘을 물리학에서 표면 장력이라고 일컫는다. 간단한 실험으로 표면 장력을 관찰해 보기로 하자.

가는 쇠고리 가운데에 무명실을 느슨하게 매놓고 비눗물에 넣었다가 꺼내면 쇠고리에 얇고 팽팽한 비누막이 생긴다. 실 한쪽의 얇은 막을 바늘로 터뜨리면 다른 한쪽의 얇은 막은 곧 그 쪽으로 수축된다. 쇠고리 가운데에 매놓은 실은 한쪽 비누막의 표면 장력을 잃고 다른 한쪽 비누막의 표면 장력의 작용을 받아 활 모양의 부채꼴을 이룬다.

액체 표면에는 모두 표면 장력이 존재한다. 이런 표면 장력의 작용으로 액체 표면은 마치 팽팽한 막을 한층 씌워 놓은 것처럼 된다. 여름이면 많은 작은 벌레들이 물 위에서 자유로이 움직이는 것을 볼 수 있는데, 이는 바로 물 표면의 팽팽한 '막'이 벌레들을 받쳐주기 때문이다.

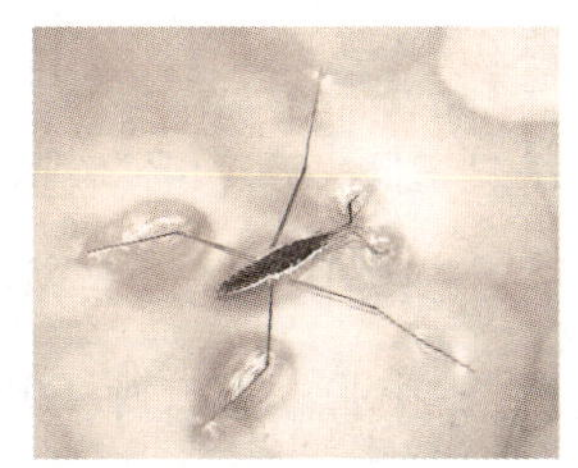

소금쟁이

아름다운 도안으로 배열되는 모래
- 클라드니 도형 -

독일 물리학자이자 음향학의 시조인 클라드니(E.F.F. Chladni, 1756~1827)는 한때 현악기의 발성 원리 연구에 몰두하였다. 바이올린 통의 진동 법칙을 밝히기 위해 그는 가장 간단한 정사각형 평판으로부터 시

클라드니

작하여 일련의 재미있는 실험을 하였다. 먼저 정사각형 평판의 가운데를 고정하고 판 위에 고르게 부드러운 모래를 뿌려놓는다. 그런 다음 한 손의 손가락으로 판의 어느 한 변의 한 점 또는 두 점을 짚고 다른 한 손으로 송진을 먹인 바이올린 활로 서로 인접하고 있는 한 변을 위로부터 아래로 힘을 주어 켜서 판을 진동시킨다. 한번 켜고는 즉시 활을 판에서 뗐다가 또 같은 부위를 켜면서 평판에서 소리가 울릴 때까지 거듭한다. 그런 다음 힘을 좀 적게 주어 활로 켜면서 평판의 울림소리를 유지한다. 이때 평판 위

40

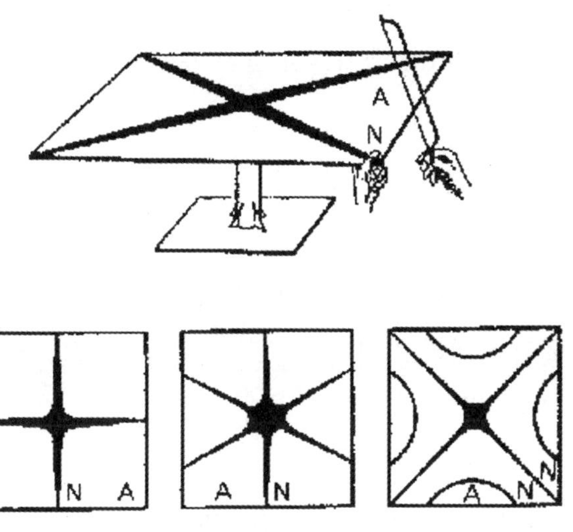

클라드니의 실험

의 모래알이 진동하다가 점차 모여들면서 아름다운 무늬를 형성하는 것을 관찰할 수 있는데, 이 무늬가 '클라드니 도형'이다. 손가락으로 짚은 평판의 부위와 점 개수가 다름에 따라 모래가 형성하는 도안도 달라진다. 뿐만 아니라 모든 도안은 다 한 가지 특정된 음조와 서로 연관된다. 둥근 판, 삼각형판, 5변형판 등 여러 가지 판으로 실험하여도 유사한 결과가 나타난다.

'클라드니 도형'은 정상파의 형상도이다. 평판 위의 모래알은 언제나 진동하지 않는 마디(node, 파절)에 모여든다. 마디는 수많은 마디점으로 연결되어 이루어졌는데 마디선 또는 피치선이라고 부른다. 즉 '클라드니 도형' 가운데의 파형선을 가리킨다. 정사각형 또는 원형 평판에 대해서 이러한 파형선의 모양과 위치를 수학적 방법으로 정확하게 계산할 수 있다.

그런데 바이올린 통·징·심벌즈·종 등 악기는 그저 간단한 2차원 평판이 아니며 그것들의 음악 특성은 모양의 크기에 달려 있을 뿐만 아니라 재료, 가공 기술 등 여러 가지 요소와 연관되므로 실험을 통해 측정하는 수밖에 없다.

귀로 듣는 소리를 모래알을 빌어 무늬와 기하학적 형태로 나타내 보이는 일은 소리를 이용한 신비로움이다. 클라드니가 금속 평판 위에서 풍부하고 다채로운 도안을 펼쳐 보일 때 나폴레옹은 기쁨에 겨워 이렇게 소리를 질렀다.

"나는 클라드니의 소리를 '보았노라'"고.

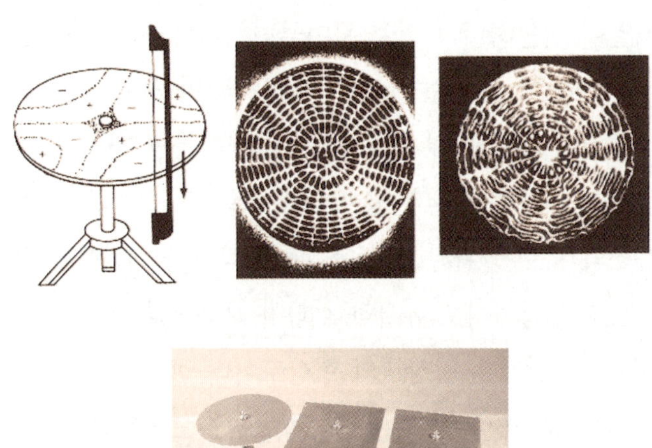

빨대로 음료수 빨아 마시기

제1장 힘의 원리가 숨어 있는 물리 

빨대로 음료수를 빨아 마실 때 입으로 빨면 물이 빨대를 따라 입안으로 들어간다. 이것은 어떤 작용 때문일까? 이는 주로 대기 압의 영향 때문이다.

지구 주위는 한 층의 두꺼운 공기가 둘러싸고 있는데, 이것이 대기층이다. 공기가 있는 곳이면 대기의 압력을 받게 된다. 측정에 의하면 지구 표면에서 넓이 $1cm^2$당 받는 대기압은 대략 $10N$(뉴턴)이라고 한다.

빨대를 물이 담긴 컵에 꽂으면 빨대의 안팎은 공기와 접촉하고 있어 모두 대기압을 받을 뿐만 아니라 안팎이 받는 대기압은 똑같다. 이때 빨대 안팎의 물은 동일한 수평면을 유지한다. 우리가 빨대를 물고 빨면 빨대 속의 공기가 입안으로 들어가 빨대 속에는 공기가 없어진다. 따라서 빨대 속의 수면에 작용

하는 공기 압력은 빨대 밖의 수면에 작용하는 공기 압력보다 작아진다. 그리하여 빨대 밖의 대기압은 음료수를 빨대 속으로 밀어 주어 빨대 속의 수면이 올라가게 된다. 빨대를 계속 빨면 음료수도 계속 입안으로 흘러 들어가게 된다.

13 달리는 버스의 꽁무니에서 일어나는 뽀얀 먼지

메마른 날씨에 도로 포장이 되어 있지 않은 시골의 버스 정류장에 있다 보면 버스의 꽁무니에서 먼지가 뽀얗게 흩날리는 것을 볼 수 있다. 버스가 멀리 가면 먼지도 사라져 보이지 않는다.

망망한 대해에서 커다란 상어가 헤엄쳐 다닐 때 그 꽁무니에서 물보라가 세차게 생긴다. 하지만 작은 물고기는 물보라를 일으키지 못한다. 왜냐하면 상어는 몸집이 커서 물 속에서 차지하는 공간이 크기 때문이다. 상어가 헤엄쳐 나갈 때면 상어가 지나간 곳에는 금방 물이 몰려들어 채워지면서 커다란 파도가 생겨난다. 작은 물고기는 부피가 너무 작아 상어가 지나간 곳에 몰려드는 물도 매우 적기에 물보라가 생길 수 없다.

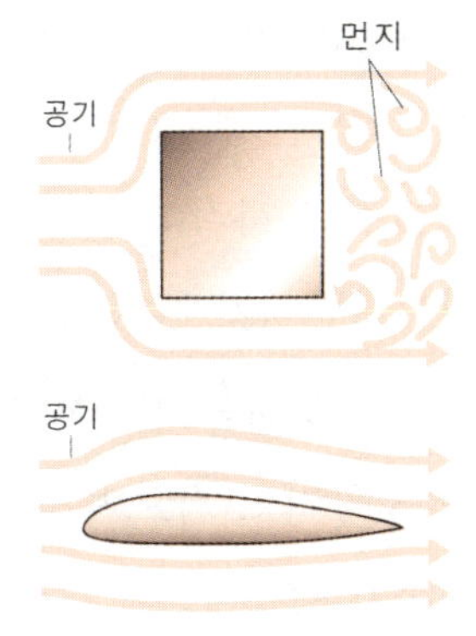

　같은 이치로 자동차도 일정한 공간을 차지하고 있으며 같은 부피의 공기를 밀어낸다. 자동차가 나는 듯이 앞으로 달릴 때 차체가 금방 경유한 곳에 차체의 양측과 뒤로부터 공기가 몰려들면서 소용돌이가 생긴다. 소용돌이는 길 위의 흙먼지를 몰아서 자동차의 꽁무니를 바짝 뒤따른다. 그리하여 우리는 자동차의 꽁무니에서 먼지가 세차게 흩날리는 것을 보게 된다. 이때 만일 버스 뒤의 유리 창문을 열어 놓는다면 공기는 먼지를 몰아서 차 안으로 들어올 것이다. 그래서 버스 뒤의 유리 창문은 열지 못하도록 고정되어 있다.

　그런데 사람이 길을 걸어갈 때에는 왜 몸 뒤에서 먼지가 일지 않는가? 이것은 물 속에서 헤엄치는 작은 물고기가 물보라를 일으키지 못하는 이치와 마찬가지로 사람의 몸은 작아 그것이 밀어내는 공기도 적으며, 또 사람이 걷는 속도는 자동차처럼 빠르지 못하기 때문이다.

46

14

평행으로 달리던 두 척의 큰 기선이 서로 부딪힌 일

제1장 힘의 원리가 숨어 있는 물리

1912년 가을의 어느날 당시 세계에서 제일 큰 원양 기선 '올림픽 호'가 넓은 바다에서 항해하고 있었다. '올림픽 호'와 100m 남짓 떨어진 곳에서 '올림픽 호'보다 훨씬 작은 철갑순양함 '호크 호'가 나란히 달리고 있었다. 그런데 뜻밖의 일이 생겼다. 작은 배는 흡사 큰 배에 끌려가듯이 통제를 잃고 '올림픽 호'를 향해 따라가며 돌격하였다. 결국 '호크 호'의 뱃머리가 '올림픽 호'의 뱃전을 들이박아 커다란 구멍을 냈다.

어떻게 이런 사고가 일어났을까? 먼저 한 가지 실험을 하여 보자. 왼손과 오른손에 각기 종이를 한 장씩 든다. 이때 두 종잇장 사이의 거리를 2㎝ 가량 되도록 평행으로 든다. 입으로 두 종잇장 사이에 대고 바람을 불어넣는다. 이때 두 종잇장은 서로 끌어당겨 한데 붙는다. 왜 그럴까? 이유는 두 종잇장 사이에 대고 바람을 불어넣을 때 두 종잇장 사이의 공기의 유속은 빨라지고 압

력 세기는 작아지기
때문이다. 종이의 바
깥 양쪽에 작용하는
공기 압력은 종잇장
사이에 작용하는 공
기 압력보다 크다.
그리하여 양쪽의 공

기 압력의 작용으로 두 종잇장은 서로 끌어당겨 맞붙는다. 만약 바람을 불어넣지 않으면 두 종잇장은 스스로 갈라져 원래 서로 평행으로 있던 위치로 되돌아간다.

이 실험에서 우리는 '올림픽 호'의 조난 사고 원인을 추적해 볼 수 있다. 두 척의 기선이 평행으로 달릴 때 두 척의 기선 사이의 물의 유속은 바깥쪽 물의 유속보다 빠르다. 때문에 두 기선 안쪽의 물의 압력 세기는 바깥쪽 물의 압력 세기보다 작다. 따라서 바깥쪽 물의 압력의 작용을 받아 두 척의 기선은 서로 끌어당겨 점점 가까워진다. '호크 호'는 '올림픽 호'보다 훨씬 작기 때문에 '호크 호'가 '올림픽 호'에 끌려가면서 결국 '올림픽 호'에 충돌한 것이다.

이 사고를 계기로 사람들은 중요한 교훈을 얻게 되었다. 이와 유사한 조난 사고가 더 이상 일어나지 않게 하기 위하여 세계적 범위에서 항행하는 배의 속도와 배와 배 사이의 거리에 대해서 모두 엄격한 규정을 지어놓았다.

48

15

범선은 맞바람을 안고도 달릴 수 있다

제1장 힘의 원리가 숨어 있는 물리

넓은 바다에서 여러 척의 범선이 풍랑을 헤치며 달리는 장면은 그야말로 장관이다. 범선이 돛을 올려 바다로 나갈 때 바람을 등지고 질풍같이 달리는가 하면 바람을 안고도 전진한다. 범선이 바람을 등지고 항해할 때에는 바람의 힘이 범선을 밀어주어 앞으로 전진한다. 그렇다면 맞바람을 만났을 때에도 범선은 어떻게 여전히 앞으로 전진할 수 있을까?

바람을 안고 항해할 때에도 바람의 힘을 빌어 전진할 수 있다. 이렇게 하려면 뱃사공은 범선과 돛의 방향을 잘 조절하면서 교묘하게 힘의 합성과 분해 원리를 이용하여 바람의 도움을 받아야 한다.

세찬 맞바람이 정면으로부

터 불어올 때 뱃사공은 바람의 기세를 보아가며 뱃머리와 돛면을 각기 B와 P 두 개 방향으로 돌려놓는다. 바람은 돛에 부딪쳐 풍력 W가 두 개 서로 수직되는 분력 P′과 R′으로 분해된다. 그 중 분력 P′은 돛면을 따라 스쳐지나므로 범선에 영향을 끼치지 않으며, 다른 분력 R′은 수직으로 돛면에 작용한다. 이 정압력 R′은 또 두 개 서로 수직되는 분력 A와 B로 분해할 수 있다. 분력 A는 선체와 수직되어 범선을 가로 방향으로 밀어준다.

그런데 가로 방향에서 물이 배에 작용하는 저항력이 크기 때문에 가로 방향에서 범선을 밀어주는 힘 A와 물이 범선에 작용하는 저항력은 서로 상쇄되어 없어진다. R′의 다른 한 개 분력 B는 범선의 세로 방향으로 작용하는데 바로 이 힘이 범선이 전진하는 동력이다.

뱃사공이 범선과 돛의 방향을 알맞게 돌려놓기만 하면 범선은 맞바람과 물의 저항력을 이겨내고 전진의 동력을 얻을 수 있다. 이때 범선은 비록 전진하지만 뱃머리가 어느 한 각도로 기울어져 작은 범선은 항로를 벗어날 수도 있지만 얼마간 달린 후 다시 뱃머리와 돛을 다른쪽으로 돌려 맞바람을 안고 나가면 여전히 동력을 얻을 수 있다. 그러므로 범선은 바람을 안고 항해할 때 모두 지그재그 로 전진한다.

범선이 바람을 안고 달릴 때 어떻게 범선과 돛을 가장 알맞은 위치에 돌려놓아 맞바람으로부터 제일 큰 동력을 얻을 수 있을까? 실험이 보여 주듯이 만약 돛면을 바람과 선체의 끼인각(협각)의 이등분선 위치에 돌려놓으면 범선은 제일 큰 동력을 얻을

수 있다. 그런데 돛면을 바람과 선체의 끼인각의 이등분선 위치
에 조절하여 돌려놓는다는 것은 그리 쉬운 일이 아니다. 이는 전
적으로 뱃사공의 숙련된 항해 경험에 달려 있다.

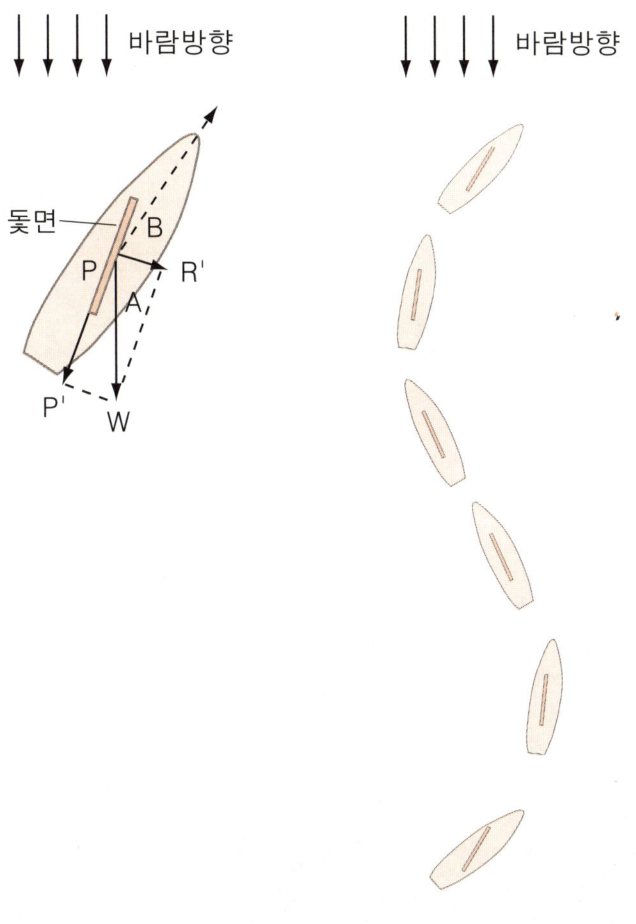

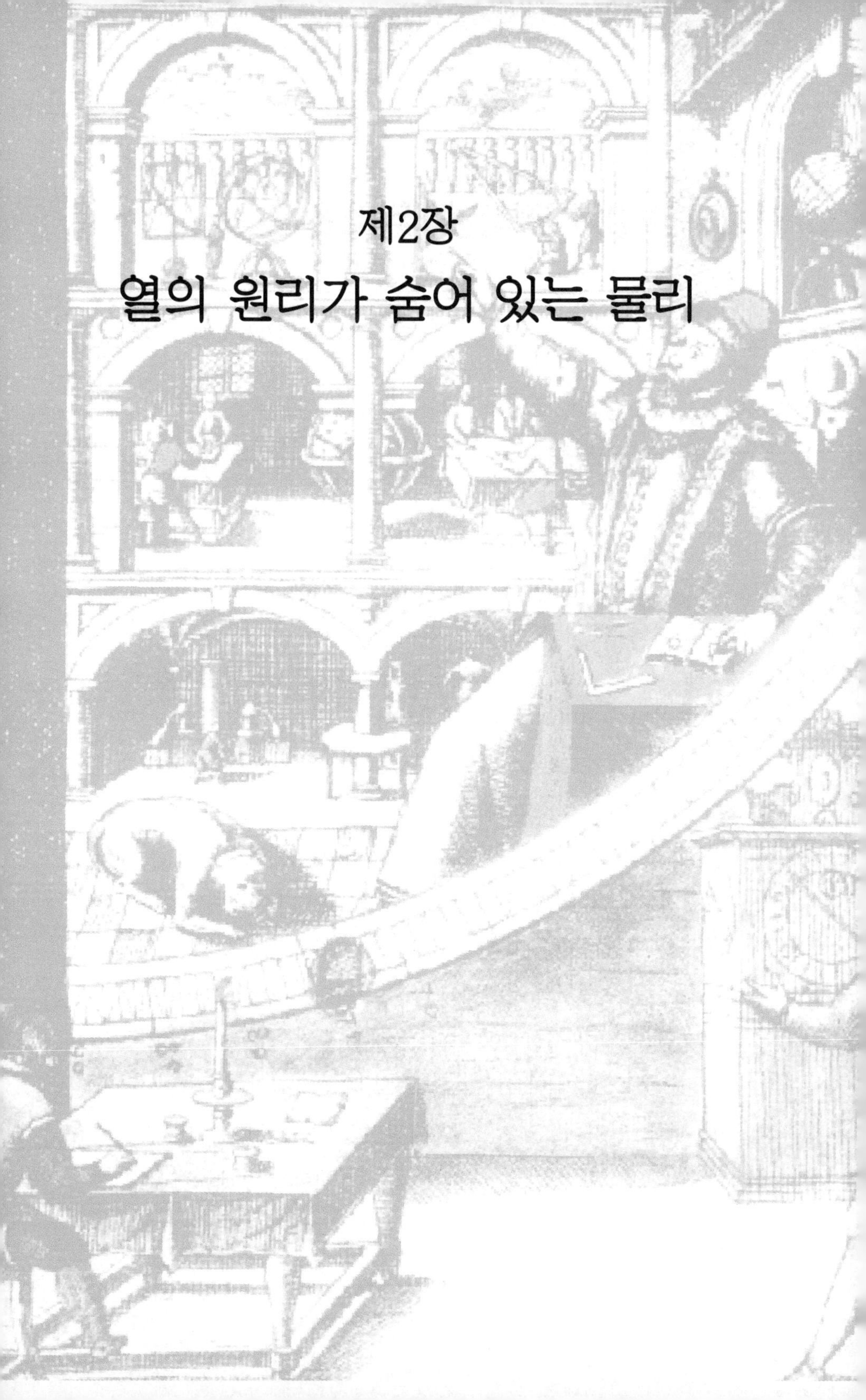

제2장
열의 원리가 숨어 있는 물리

비행기 꼬리날개 뒤의 흰 연기 꼬리
- 비행기 구름 -

제2장 열의 원리가 숨어 있는 물리

하늘을 날고 있는 비행기를 보면 비행기가 꼬리날개 뒤에 흰 연기 모양의 기다란 꼬리를 달고 날아가는 것을 볼 수 있다. 이 '흰 연기꼬리'는 차츰 확산되어 희미해지다가 사라진다.

이 '흰 연기꼬리'는 자동차에서 배출하는 폐가스와 같이 대개 비행기 연료가 연소할 때 생기는 연기일 것이라고 오해하기도 한다. 그러나 이 '흰 연기꼬리'는 연기라고 하기보다는 구름과 더 비슷하므로 '비행기 구름'이라고 하는 편이 더 적절할 것이다.

구름 속에는 많은 작은 물방울과 빙정이 들어 있는데 그것들은 공기 중의 수증기가 응결되어 생긴 것이다. 구름이 만들어지려면 두 가지 조건이 갖춰져야 한다. 우선 수증기가 충분히 있어야 하고 포화 증기압에 이르러야 한다. 그 다음 응결의 핵 또는 씨앗이 될 만한 먼지나 연기 또는 대전 입자(대전된 이자, 帶電 : electrification ; 물체의 음전하 또는 양전하가 우세해져 전기를

띠게 되는 현상) 등이 있어야 한다.

그래야 포화 증기압에 이른 수증기가 응결 핵의 주위에서 응결되어 작은 물방울 또는 빙정으로 형성될 수 있다. 작은 물방울과 작은 빙정이 꼭 끌어안고 있는 것이 바로 하늘에 떠 있는 구름이다.

비행기가 앞으로 날아갈 때 기체(機體)가 원래 차지하고 있던 공간은 주위의 공기가 밀려와 채워주어야 한다. 그런데 비행기는 너무 빨리 나는데다 공기 또한 열의 불량도체여서 주위 공기가 모여들어 원래 비행기 기체가 차지하고 있던 공간을 채워주는 과정은 단열 팽창과정과 같으므로 공기의 온도는 갑자기 내려간다. 고공에는 본래 수증기가 많이 분포되어 있다. 공기의 온도가 낮아지면 포화 증기압도 따라 낮아지고 주위의 수증기는 포화 증기압에 도달한다. 이것이 곧 구름이 형성되는 첫번째 조건이다. 이

밖에 비행기가 연료를 연소할 때면 확실히 일부 연기 먼지를 내
보내는데 이 연기 먼지는 마침 응결 핵이 된다. 그리하여 비행기
꼬리날개 뒤에 있는 수증기는 이러한 연기 먼지 미립자 주위에서
신속히 응결되어 많고 작은 물방울과 작은 빙정이 된다. 이것이
바로 비행기 꼬리날개 뒤의 기다란 '흰 연기꼬리'이다.

그런데 하늘에 떠 있는 구름은 오랫동안 없어지지 않는데 왜
비행기 꼬리날개 뒤의 '구름'은 재빨리 흩어져 없어질까? 우선
두 가지 물체의 부피가 다르다. 구름 하나는 지름이 적어도 수십
km에 달한다. 그러므로 구름 역시 점차 흩어져 사라지지만 그 시
간이 오래 걸린다. 비행기 꼬리날개 뒤에 생긴 구름은 지름이나
부피가 작기 때문에 쉽게 흩어져 사라진다. 또한 비행기 꼬리날
개 뒤의 구름은 비행기가 지나가는 순간 공기 온도가 낮아지고
포화 증기압이 내려가면서 수증기가 포화 증기압에 이르러야 형
성된다. 그런데 비행기가 지나가고 난 후에는 온도가 차츰 높아
짐에 따라 수증기는 포화 증기압에 이르지 못하여 작은 물방울과
작은 빙정은 다시 점차 증발되어 버린다.

끓는 튀김솥에 물방울이 떨어질 때 나는 폭발소리는?

끓는 튀김솥에 물방울이 떨어지는 경우가 있다. 이럴 때면 기름냄비에서 '비지직 탁탁' 하는 폭발소리가 나면서 식용유 방울이 사방으로 튄다. 만약 식용유 방울이 손이나 얼굴에 튀면 미처 어쩔 사이 없이 화상을 입거나 작은 물집이 생길 수도 있다.

이 폭발소리는 물방울이 고온 상태에서 격렬한 변화를 일으켜 나는 것이다. 첫번째는 물이 수증기로 변하는 과정이다. 끓는 튀김솥 안의 식용유 온도는 보통 200℃(식용유의 끓는점) 이상에 달한다. 물방울이 끓는 튀김솥에 떨어지면 물방울은 높은 온도에서 금방 증발되어 수증기가 된다. 두 번째는 수증기를 싸고 있는 작은 물방울이 터지는 과정이다.

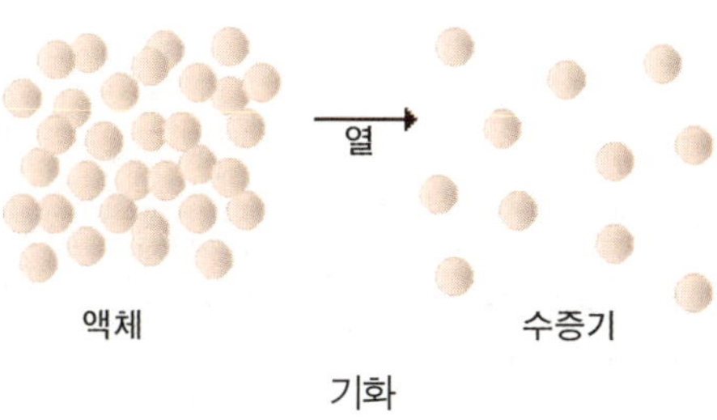

　　수증기는 식용유보다 가볍고 물방울은 식용유보다 무거우므로 물이 증발되는 과정은 식용유의 밑층에서 진행된다. 증발 과정이 끝나면 수증기 기포가 식용유 위로 떠오르기 시작한다. 기포가 식용유의 윗면까지 떠오르면 기포의 안팎 압력 세기가 다르므로 그것이 터지면서 식용유 방울이 사방으로 튄다.

18

수도관에서 들리는 이상한 소리

제2장 열의 원리가 숨어 있는 물리

　수돗물을 쓴 다음에 갑자기 수도꼭지를 잠그면 때론 수도관에서 우르릉하는 이상한 소리가 나는 것을 들을 수 있다. 이 소리는 무엇일까?

　수돗물은 정수지에서 압력을 가하여 배수지를 거쳐 집집마다 수송된다. 물은 압축될 수 없으므로 압력을 가한 후의 물은 수도관에서 흐를 때 매우 큰 충격력을 가지고 있다. 수압이 클수록 충격력도 더 크다. 수도꼭지를 갑자기 잠그면 수도관에서 한창 흐르던 물은 수도꼭지의 벽에 부딪치면서 벽의 반작용력을 받아 거꾸로 되돌아 흐른다. 동시에 벽 부근에 부분적으로 진공 구역이 생겨난다. 이 구역의 압력 세기가 수도관 속의 물의 압력 세기보다 훨씬 작아 물은 되돌아 흘러온다. 이와 같이 물이 수도관 속에서 순간적으로 오가며 흐르면서 충격 현상이 나타난다. 충격 현상이 맹렬한 경우 수도관이 곧 진동하게 되는데, 만약 수도관을 벽에 단단히 고정시키지 않았다면 수도관의 진동에 의해 이상한

소리가 난다. 수압이 높은 구역일수록 이러한 현상이 나타나는 경우도 더 많다.

수도관에서 이상한 소리가 나는 것을 방지하려면 우선 수도관을 연결할 때 수도관이 움직이지 않도록 벽에 고정시켜야 한다. 또 수돗물을 쓰다가 이런 현상이 일어나면 즉시 수도꼭지를 다시 열었다가 천천히 잠그면 된다.

익으면 물 위에 떠오르는 물만두

제2장 열의 원리가 숨어 있는 물리

물만두를 끓는 물에 넣으면 처음에는 모두 냄비 밑바닥에 가라앉는다. 그런데 물만두가 익으면 하나하나 물 위에 떠오른다. 이는 무엇 때문일까?

생 물만두는 껍질이나 속이 다 촘촘하여 밀도가 물보다 크기 때문에 물 속에 넣으면 자연히 가라앉게 된다. 냄비 안 물의 온도가 높아짐에 따라 물만두의 속과 껍질은 뜨거운 물을 듬뿍 머금고 점차 통통하게 불어나면서 부피도 따라서 커진다. 특히 물만두 속에 들어 있는 공기가 더 빨리 팽창하면서 물만두의 부피가 생 물만두보다 훨씬 더 커진다. 물만두가 충분히 팽창해서 그 밀도가 물보다 작아질 때 물만두는 물 위에 떠오르기 시작한다. 이 때 물만두가 물 위에 떠오른 정도를 보고 물만두가 익었는지 설익었는지를 알 수 있다.

물은 끓어도 넘치지 않지만 죽은 끓으면 넘친다

제2장 열의 원리가 숨어 있는 물리

냄비에 물을 넣고 가열할 때 물이 펄펄 끓어 증기가 냄비 뚜껑 틈새로 솟구쳐 나오면서도 물은 넘치지 않는다. 그런데 죽은 끓으면 금방 냄비 밖으로 넘친다. 이는 무엇 때문일까?

냄비 안의 물의 온도가 끓는점에 이르면 물이 끓기 시작하고 수증기가 생긴다. 처음에 수증기는 물 속에서 작은 기포를 형성한다. 수증기가 급속히 늘어남에 따라 기포도 더 많아지고 더 커지며 수면에 솟구쳐 올라와서 터져 버린다. 그리하여 수증기는 물 속에 모여 있지 않고 수면까지 올라와서 날아가 버린다. 그러므로 물은 끓어도 넘치지 않는다.

죽을 끓일 때에는 사정이 이와 달라진다. 쌀알의 주성분은 녹말이다. 물과 쌀이 함께 끓을 때면 쌀알의 녹말이 물에 용해되어 뜨거운 녹말풀로 변하는데, 이런 액체의 점성도와 표면 장력은 모두 물보다 크다. 때문에 냄비 안의 죽이 끓어 수증기가 튀어나

와 기포를 형성할 때 기포 겉면에 녹말막이 한 겹 씌워진다. 녹말막은 끈기가 있어 표면 장력이 크므로 쉽게 터지지 않는다. 수증기가 많아짐에 따라 물거품도 많아지고 더 높이 솟구친다. 물거품이 냄비 가장자리까지 솟구치면 이 녹말막이 씌워져 날아가지 못한 수증기가 곧 냄비 밖으로 넘쳐 흐르게 되는 것이다.

21

삶은 달걀은 찬물에 담가야 껍질이 쉽게 벗겨진다

제2장 열의 원리가 숨어 있는 물리

달걀은 단단한 겉껍질과 그 안쪽에 얇은 껍질 막, 액체 상태의 흰자위(난백), 노른자위(난황)로 이루어졌다. 달걀은 단백질이 주요 성분이면서 지방 무기질 비타민 등이 들어 있는 완전 식품으로서 식사 대용으로 이용할 수 있다. 달걀 요리도 삶기, 프라이, 찜, 수란, 지단 등 여러 가지이며, 삶는 것도 온도와 방법에 따라 반숙, 완숙이 있다. 달걀을 삶아서 뜨거운 채로 껍질을 벗기려면 껍질과 흰자위가 단단히 들러붙어 껍질을 벗기기 힘들다. 그래서 흔히 달걀을 삶아서 금방 찬물에 담갔다가 꺼내 껍질을 벗긴다. 이러면 달걀 껍질이 쉽게 벗겨진다.

원리를 살펴보자. 달걀 겉껍질에는 1만 개 정도의 미세한 숨구멍(기공)이 있어 달걀은 이곳으로 호흡하고 있다. 또 이 구멍으로 세균이 들어가지 못하도록 단백질 등의 얇은 층이 겉껍질을 보호하고 있다. 달걀을 물에 씻어서 보관하면 이 층이 벗겨져 달걀이

쉽게 상하게 된다. 얇은 껍질막 내부에는 기실이 있는데 겉껍질의 기공을 통해 들어온 공기가 이곳으로 출입하며 달걀이 호흡한다. 신선한 달걀은 기실이 작지만 오래된 것일수록 기실이 커진다. 기실은 달걀의 둥근 부분에 있으므로 둥근 부분이 위로 향하도록 보관해야 신선도가 오래 간다.

달걀을 삶으면 겉껍질, 껍질막, 기실의 공기, 흰자위, 노른자위가 서로 다른 열팽창 정도에 따라 팽창하는데, 이 때 기실 내의 팽창된 공기는 겉껍질 바깥으로 나가게 된다. 달걀을 삶을 때 다 삶은 달걀을 찬물에 넣게 되면 급격한 온도 변화로 일단 겉껍질이 약해진다. 또 흰자위도 수축하며 급격히 식게 되는데, 이때 삶을 때 열을 받아 팽창했던 달걀 내부의 수분이 갑자기 식으며 응결되어 달걀 안껍질과 흰자위 사이에 수분이 맺히게 된다. 이 수분 때문에 안껍질과 흰자위는 쉽게 분리되어 껍질도 쉽게 벗겨지는 것이다. 찬물에 식히지 않고 소금에 잠깐 묻어 두어도 비슷한 원리로 효과를 볼 수 있다.

한편 달걀을 삶을 때 소금과 식초를 넣으면 흰자위를 단단하게 해 달걀이 터지는 것을 예방할 수 있다. 달걀을 가열하면 반투명했던 흰자위가 희고 단단해지는데, 이는 난백 단백질이 열에 의해 성분이 변화하기 때문이고, 여기에는 흰자위에 들어 있는 염분도 관여한다. 흰자위는 오래 가열할수록 단단해지는데, 노른자위는 일단 익고 나면 가열 시간과 관계없이 더 이상 단단해지지 않는다. 이는 노른자위에 있는 지방 성분이 단단해지는 것을 막기 때문이다.

이처럼 달걀을 삶는 것에서도 열팽창·수축·응결 등 여러 과학 현상을 살펴 볼 수 있다.

22

불꽃은 언제나 위로 향한다

제2장 열의 원리가 숨어 있는 물리

우리는 자연계와 일상 생활에서 물체가 탈 때 불꽃이 언제나 위로 향하는 현상을 관찰할 수 있다. 그 예로 촛불이나 활활 타오르는 모닥불을 들 수 있다. 옛날, 사람들은 불꽃이 위로 향하는 과학적 원리를 몰랐기 때문에 흔히 그것을 귀신이나 미신에 연관시켰다.

불꽃이 위로 향하는 것은 공기 유동 때문이다. 촛불을 켜놓으면 불꽃 주위의 공기가 가열되면서 더운 공기의 밀도는 찬 공기의 밀도보다 작으므로 더운 공기는 위로 올라가고 주위의 찬 공기가 흘러들어 보충된다. 공기의 상승 유동에 따라 불꽃은 공기에 업혀 위로 향한다. 모닥불을 피우면 대량의 더운 공기가 위로 올라가고 주위의 찬 공기가

흘러들어 보충되므로 모닥불이 활활 타오르는 경관이 나타난다.

　때로는 타오르는 불꽃이 좌우로 흔들리는 현상이 나타나는데 이것 역시 공기의 작용이다. 일반적으로 불꽃 주위가 '풍랑이 없이 고요할' 때면 불꽃은 안정되어 주위의 온도가 상응하게 높아지고 불꽃도 더 높이 솟구친다. 그런데 실제 형편은 그렇지 않다. 모닥불 주변의 기류는 각종 요소의 영향을 받아 언제나 흐트러진 유동 상태가 나타난다. 공기의 규칙 없는 흐름은 더운 공기가 올라가는 정상적인 질서를 교란시켜 불꽃이 공기 속에서 좌우로 흔들리는 현상이 나타난다.

23

수은 온도계와 알코올 온도계의 차이

제2장 열의 원리가 숨어 있는 물리

상용 온도계로는 액체를 모세관 속에 봉입해 넣은 수은 온도계와 알코올 온도계 두 가지가 있다. 온도를 잴 수 있는 것은 수은과 알코올이 열팽창 특징을 가지고 있기 때문이다. 온도가 높아짐에 따라 수은과 알코올의 부피는 눈에 띄게 팽창한다. 온도계의 유리관 속에서 오르고 내리는 것이 바로 수은주 또는 알코올 기둥이다. 그러므로 눈금을 알맞게 새겨 놓기만 하면 그에 맞는 온도를 읽어낼 수 있다. 수은이나 알코올 등의 액체는 마땅히 두 가지 특성을 구비해야 한다. 하나는 온도 변화에 따르는 봉입한 액체의 부피 변화가 반드시 아주 민감하여 미소한 온도 변화까지 측정할 수 있어야 한다. 두 번째는 저온에서 온도를 측정할 때 봉입한 액체가 응고되어 고체로 되지 말아야 하며, 반대로 고온에서는 기체로 변하지 말아야 한다. 그렇지 않으면 온도를 측정할 수 없다.

실험에 따르면 질량이 같은 수은과 알코올의 온도를 각각 1℃

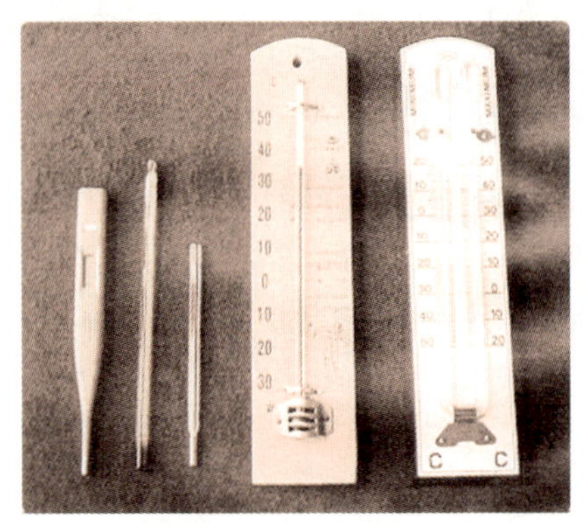

각종 온도계들

높일 때 알코올이 흡수하는 열량은 수은이 흡수하는 열량보다 20배 남짓 더 많다. 그러므로 같은 온도 변화에서 수은 온도계는 알코올 온도계보다 반응이 훨씬 빠르다. 정밀한 과학 실험을 할 때나 열량이 아주 적지만 또 꼭 온도 변화를 나타내야 할 때는 일반적으로 수은 온도계를 쓴다. 또 같은 온도 변화에서 알코올은 흡수하는 열량이 많고 팽창 능력이 크므로 알코올 기둥의 오르고 내리는 변화 정도가 수은주보다 뚜렷하다. 주위 공기의 온도와 물의 온도를 측정할 때에는 일반적으로 알코올 온도계를 쓴다.

알코올과 수은은 또 각기 어는점과 끓는점이 다르다. 알코올은 어는점이 낮아 -117℃에서야 응고되어 고체가 되지만, 수은은 -39℃에서 응고되어 유동성을 잃고 만다. 몹시 추운 북쪽 지방에서는 겨울철에 기온이 -40℃까지 내려가므로 일반적으로 알코올 온도계로 온도를 측정하는 것이 알맞다. 한편 수은은 알코올보다 끓는점이 높아 356.72℃에서 끓지만 알코올은 78.8℃에서 끓어 급격히 기화된다. 따라서 높은 온도를 측정하는 경우에는 수은 온도계를 사용해야만 한다.

24

체온계의 수은주는 저절로 내려가지 못한다

제2장 열의 원리가 숨어 있는 물리

우리가 보통 쓰는 수은 온도계는 수은의 열팽창 원리를 이용하여 만들었다.

실내외의 온도를 측정하거나 수영장의 물 온도를 측정하는 데 쓰이는 보통 온도계는 반응이 빨라 외계 온도의 변화에 따라 수은주가 저절로 오르고 내리고 한다. 하지만 체온을 측정하는 데 쓰이는 체온계는 체온을 잰 후 꼭 몇 번 힘있게 흔들어야 비로소 수은주가 내려간다.

이 비밀은 유리관 모양에 있다. 보통 온도계는 유리관의 안지름이 일정하게 똑같지만 체온계는 유리관 안지름의 굵기가 같지 않게 특별히 설계되었다. 즉 수은주와 유리구가 서로 이어지는 곳에서 안지름이 특별히 작아 가늘게 만들어진 것이다. 체온계의 유리관을 이렇게 설계되었기 때문에 수은주 안의 수은은 열을 받아 팽창하면 곧 유리관의 가는 부분을 빠져나가 위로 올라간다. 하지만 수은이 찬 기운을 만나 수축될 때면 수은주가 순조롭게

내려가지 못할 뿐만 아니라 수은 자체의 부착력 수축 작용 때문에 수은주는 유리관의 가는 부분에서 아래 위로 갈라진다. 갈라진 윗부분의 끝머리는 그냥 제자리에 머물러 있으면서 체온을 지시해 주고 아랫부분의 끝머리는 부착력 수축 작용을 받아 저절로 유리구로 돌아가지 못한다. 때문에 환자의 몸에서 체온계를 떼어도 바로 수은주가 내려가지 않아 의사는 정확하게 환자의 체온을 잴 수 있다. 만약 체온계도 보통 온도계처럼 만든다면 체온계를 환자의 몸에서 떼어내 들고 보는 사이에 수은주가 내려가기 때문에 체온을 정확히 잴 수 없게 된다.

체온을 잰 후 체온계의 머리 부분을 아래로 향하고 몇 번 힘있게 흔들면 수은주가 유리구로 되돌아간다. 이것은 관성을 이용하여 갈라진 윗부분의 수은이 유리관의 가는 부분을 거쳐 유리구로 되돌아가게 하는 방법이다.

25

여름 자전거 하이킹 때는 펑크를 조심해야 한다

제2장 열의 원리가 숨어 있는 물리

더운 여름날 자전거를 타고 하이킹을 할 때 갑자기 '펑' 하는 소리와 함께 자전거 튜브가 터진다. 왜 여름에는 자전거 튜브가 더 쉽게 구멍이 날까?

만일 자전거를 타는 사람이 공기의 열팽창 원리를 알면 이런 사고를 미리 방지할 수 있다.

여름에는 공기가 매우 뜨거울 뿐만 아니라 지면(땅 표면)도 태양의 열을 받아 매우 뜨겁다. 자전거 튜브 안의 공기가 열을 받아 팽창하면 활발해진 공기 입자들이 자꾸 튜브에 충돌하면서 밖으로 튀어나가려 한다. 만약 자전거 튜브 안에 공기를 너무 많이 넣었거나 또는 튜브 어느 곳에 약해진 부분

공기의 팽창과 수축

이 있을 경우 공기는 그곳으로 밀려나가면서 튜브를 터지게 한다.

또한 여름에는 아침과 점심, 실내와 실외의 온도 차이가 매우 크다. 만약 아침에 집에서 자전거 튜브에 공기를 가득 넣고 거리로 나가면 한낮 더위에 튜브 안의 공기가 열을 받아 팽창하면서 밖으로 튀어 나가려고 약한 부분으로 모여든다. 그래서 갑자기 튜브에 구멍이 나게 된다.

그러므로 무더운 여름에는 타이어가 팽팽해질 때까지 공기를 넣지 말아야 한다.

26

겨울철에 쇠는 나무보다 더 차갑게 느껴진다

제2장 열의 원리가 숨어 있는 물리

겨울철에 집 밖에서 쇠막대나 쇠공과 같은 쇠붙이를 만져보면 나무막대나 나무 벤치 등과 같은 나무 물건을 만져볼 때보다 더 차가운 감을 느낀다. 같은 기온에서 왜 철제품과 목제품의 온도가 서로 같지 않은 것일까?

이들의 온도는 당연히 같은데 무엇 때문에 철은 나무보다 더 차가운 감을 줄까? 이것은 겨울철에 인체의 온도는 주위 공기의 온도보다 높고 공기 속에 드러나 있는 물체는 공기와 같은 온도를 가지고 있기 때문이다. 우리가 쇠붙이를 쥐었을 때에는 철의 열전도가 나무보다 훨씬 더 빠르기 때문에 손의 열이 금방 쇠붙이에

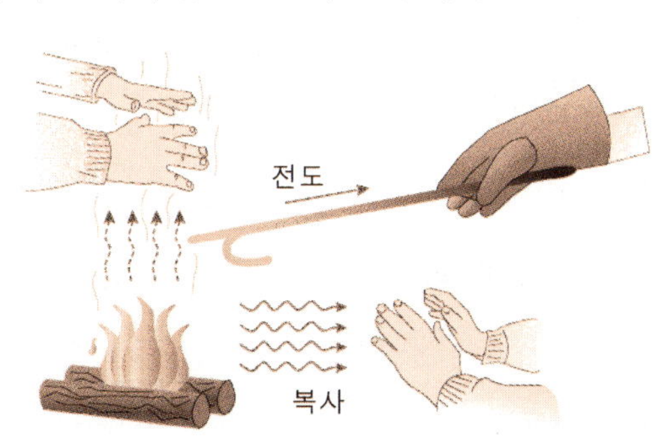

열전도 실험

전달되어 손이 매우 찬 감을 느낀다.

여름철 뜨거운 햇빛이 내리쬘 때 손으로 철과 나무를 만져보면 손의 감각은 겨울철과 반대로 철이 나무보다 더 뜨거운 감을 준다. 감각이 겨울철의 경우와는 다르지만 이치는 한 가지이다. 철은 나무보다 열전도가 빠르므로 철은 나무보다 더 뜨거운 듯한 감을 준다.

일상 생활에서 열전도가 빠른 용품이 필요할 때에는 흔히 모두 철이나 기타 금속으로 만든 것을 쓰고, 이와 반대로 열전도가 느린 물품이 필요할 경우에는 일반적으로 모두 나무나 플라스틱으로 만든 것을 사용한다.

지하수는 겨울에 따뜻하고 여름에 차다

지하수는 겨울에 따뜻하고 여름에 차다. 왜 그럴까?

지하수는 지면으로부터 수십 m 심지어 더 깊은 땅 속에 있는 물이므로 그 온도는 지하 깊은 곳의 암석과 흙의 온도와 별반 차이가 없다. 지하수는 두꺼운 지면층에 덮여 있어 직접 지면 위의 대기로부터 열을 받지 못하고 대기에 열을 내보내지도 못하며 지하 깊은 곳의 흙의 열전도가 또한 매우 더디다. 그렇기 때문에 지하수의 온도에는 아무런 변화도 없이 상온 상태를 유지하며 스스로 온도를 조절하지도 못한다.

한편 지면과 대기층의 온도는 사계절의 변화가 매우 커서 사람에게는 지하수가 차거나 따뜻하게 느껴지는 것이다. 겨울철의 기온은 지하수의 온도보다 낮으므로 사람들은 지하수가 따뜻하게 느껴지고, 여름의 기온은 지하수보다 높으므로 지하수가 시원한 느낌을 가지게 된다.

만약 온도계로 얕은 층의 지하수(예를 들면 우물)의 온도를 측정해 보면 지하수의 온도 역시 겨울보다 여름에 더 높다. 그러나 지하수의 온도 변화는 지면의 온도 변화보다 크지 않아 사계절의 온도차가 일반적으로 3 ~ 4℃밖에 안 된다. 그러므로 지하수는 겨울에 따뜻하고 여름에 찬 느낌을 준다.

28

불순물이 섞인 눈은 깨끗한 눈보다 먼저 녹는다

제2장 열의 원리가 숨어 있는 물리

눈오는 날 길에 내린 눈이 빨리 녹거나 늦게 녹는 것은 눈이 받는 열의 양이 많고 적음에 따라 결정된다. 불순물이 섞인 눈은 깨끗한 눈보다 더 많은 햇빛의 열을 흡수하므로 불순물이 섞인 눈이깨끗한 눈보다 더 먼저 녹는다.

왜 불순물이 섞인 눈이 더 많은 열을 흡수할 수 있을까? 모든 물체는 햇빛을 받을 때 일부분의 햇빛과 열을 흡수할 뿐 그 밖의 빛과 열은 반사되어 나간다. 일반적으로 어둡고 검은색을 띤 물체는 햇빛과 열을 더 많이 흡수하고, 희고 밝은 물체는 햇빛과 열을 더 많이 반사한다. 겨울에 사람들은 '눈부시게 새하얀 눈' '은백색 단장을 하다' 라는 말로 들판의 설경을 묘사한다. 깨끗한 눈은 새하얗고 밝아 햇빛을 받으면 빛과 열이 많이 반사되어 나가므로 쉽게 녹지 않는다. 반대로 불순물이 섞인 눈은 깨끗한 눈처럼 색이 밝지 못하다. 따라서 불순물이 섞인 눈은 햇빛과 열을

흡수하는 성질이 깨끗한 눈보다 더 강하므로 같은 조건에서 불순물이 섞인 눈이 더 먼저 녹는다.

사람들이 여름에 흰색 또는 연한 색의 옷을 입고 겨울에 짙은 색, 검은 색의 옷을 입는 것은 바로 이러한 원리에서 온 습관이다. 여름에 흰 옷을 입으면 빛과 열이 반사되어 흩어지므로 햇빛이 사람의 몸을 뜨겁게 하지 못한다. 겨울에 짙은색 또는 검은색의 옷을 입으면 햇빛과 열이 많이 흡수되고 적게 반사되므로 사람의 몸을 더욱 따뜻하게 덥혀준다.

80

29

겨울에 입에서 나오는 흰색의 입김

제2장 열의 원리가 숨어 있는 물리

추운 겨울날 입을 벌리면 흰색의 입김이 나온다. 공기는 무색 투명한 기체인데 왜 사람들이 내뿜는 입김은 흰색을 띨까?

우리 주위의 공기는 여러 가지 기체 원소가 섞여 이루어졌는데 그 주성분은 산소와 질소이다. 이 밖에 지면 위에 분포되어 있는 냇물이나 강의 수분이 증발되어 수증기로 된 후 역시 공기 속에 흩어져 있다. 우리는 때때로 공기가 몹시 습한 감을 느끼게 된다. 이는 바로 공기 속에 수증기의 성분이 너무 많기 때문이다. 물이 수증기로 변하여 공기 속으로 들어가듯이 공기 속의 수증기는 다시 물방울로 응결된다. 추운 날 유리 창 안쪽에 작은 물방울이 맺혀 있는 것을 발견하게 된다. 이 작은 물방울은 방안 공기 속에 흩어져 있던 수증기가 차가운 유리창에 부딪쳐 응결되어 생긴 것이다.

우리가 숨을 쉴 때 입에서 나오는 기체 속에는 수증기가 적잖

게 들어 있다. 이러한 기체는 인체의 체온과 거의 같은 온도를 가지고 주위의 공기 속에 들어간다. 바로 이때 입김 속에 들어 있던 수증기가 외계의 찬 공기를 만나 수많은 작은 물방울로 응결되어 흰색 안개 모양으로 된다. 외계의 공기 온도가 낮을수록 응결되는 작은 물방울이 더 많고 흰색 안개 모양도 더 분명히 나타난다. 입김뿐만 아니라 물이 끓고 있는 주전자에서도 이런 현상을 관찰할 수 있다. 물이 끓으면 주전자에서 수증기가 내뿜어진다. 이런 수증기의 온도는 100℃ 안팎으로써 주위 공기 온도보다 퍽 높기에 주위 공기와 접촉하게 되면 작은 물방울로 응결되어 흰색 안개 모양을 나타낸다.

30

겨울에 입는 오리털 옷

제2장 열의 원리가 숨어 있는 물리

겨울철이면 사람들은 흔히 오리털 옷을 입는다. 오리털 옷은 가볍고 편안한 감을 주는 것 외에 일반 솜 옷보다 더 따뜻한 장점이 있다.

일상 생활에서 여러 물질은 각기 다른 열 전달 방식이 있다. 고체에서 열 전달 방식은 주로 열전도이다. 열 전도의 빠르고 느린 정도에 따라 사람들은 또 고체 물질을 열의 도체(예를 들어 철)와 열의 부도체(예를 들어 나무)로 나눈다. 고체와 비교하면 액체의 열 전도 성능은 많이 낮다. 난로 위에 주전자를 올려 놓고 물을 끓일 때 난로의 열량은 주로 열 대류 방식에 의하여 열을 주전자에 전달해 준다. 주전자 아래쪽에서 가열된 물은 위로 올라가고 주전자 위쪽에서 가열되지 않은 물은 아래쪽으로 내려간다. 이와 같이 왕복운동을 하면서 나중에는 주전자 안의 물 전체가 끓기 시작한다. 공기 중에서 열이 전달되는 방식에는 열 대류 이외에 열 복사 방식이 있다. 즉 열원으로부터 주변의 공기 속에 열량을 발산하여 열을 전달한다.

　겨울철에 사람의 체온은 바깥 온도보다 높다. 열원인 사람은 공기 속에서 주로 열 대류와 열 복사로 주위에 열을 발산한다(즉 빼앗긴다). 체온을 보존하려면 이 두 가지 열 전달을 차단해야 한다. 이런 점에서 오리털 옷은 다른 옷에 비할 수 없는 훌륭한 성능을 가지고 있다.

　오리털은 천연적으로 가볍고 부드럽고 성기며 눌러도 잘 부풀어 오른다. 오리털 옷을 입으면 털과 털 사이의 공기층 덕분에 열이 잘 전달되지 않으며 공기층에서의 열 대류 운동을 크게 늦춘다. 또한 오리털은 인체 주위에 열 복사를 막아주는 병풍을 둘러치는 효과로 인체 열량이 발산되는 것을 막아준다. 이와 같이 오리털은 몸의 열이 빠져나가지 않도록 잘 보온해 준다.

　오리털 옷의 보온 원리를 이용하여 사람들은 많은 화학 합성 원료를 만들어내어 광범위하게 생활에 응용하고 있다.

31

왜 영구 기관을 만들 수 없는가

제2장 열의 원리가 숨어 있는 물리

먼 옛날부터 인류는 생존을 위하여 경사면, 도르래, 지렛대와 같은 여러 가지 기구를 발명, 제조하였다. 그 후 사회 물질 문명이 진보함에 따라 인류는 또 수많은 기계를 만들어 풍부한 물질적 부와 정신적 부를 창조하였다. 사람들은 발명 창조 실천의 과정을 거치며 기계를 어떻게 개량하든지 반드시 외계의 힘이 작용해야 작동시킬 수 있다는 것을 알게 되었다. 이러한 외력에는 인력, 축력, 풍력 그리고 현대화 생산에서의 전력, 수력, 핵력 등등이 망라된다. 뿐만 아니라 그 어떤 기계든지 힘의 세기를 덜어주고 힘의 방향을 바꿀 수 있을 뿐 힘이 하는 일은 감소시키지 못한다. 다시 말해서 기계에게 얼마만큼의 일을 시키자면 사람들은 반드시 그에 상응하는 에너지를 공급

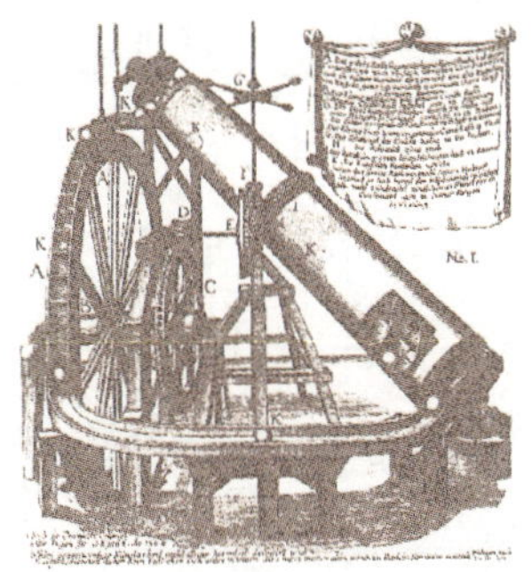

영구 기관 실험

해 주거나 심지어 그보다 더 많은 에너지를 공급해 주어야 한다.
일단 공급이 정지되면 그 어떤 기계든지 끊임없이 돌아갈 수 없
는 것이다. '말에게 풀을 먹이지 않고 뛰게 하려는 것' 은 그야말
로 실현될 수 없는 어리석은 꿈이다.

  인류 역사에서 사람들은 일찍이 두 가지 영구 기관을 만들어
보려고 구상하였다. 그 첫번째 것을 제1종 영구 기관이라 하는데,
기계를 완전히 외계와 차단시키고 기계 자체의 에너지에 의해서
계속 순환적으로 작동하게 하는 것이다. 하지만 실제 제작에서
모두 실패하고 말았다. 그 원인은 어디에 있는가? 외력의 작용이
전혀 없는 조건에서 기계가 돌아갈 때 생기는 마찰 저항은 그 어
떤 방법으로도 제거할 수 없기 때문이다. 마찰 저항은 좀먹듯이
조금씩 기계 자체의 에너지를 '삼켜버려' 기계가 나중에는 멈춰
설 수밖에 없는 것이다.

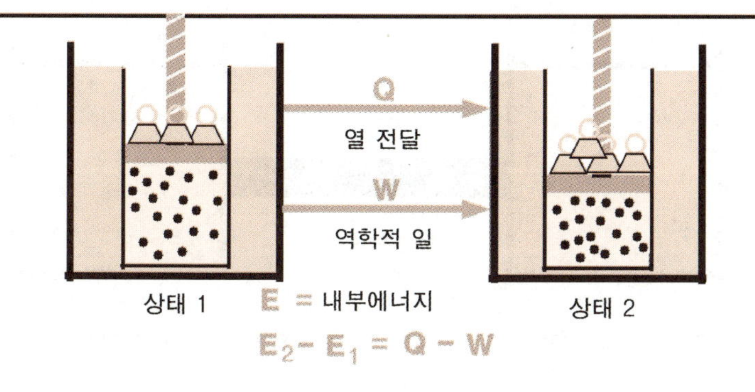

열역학 제1법칙

자연계에는 한 가지 일반화된 물리 법칙 — 열역학 제1법칙인 에너지 보존 법칙이 있다. 이 법칙에 따르면 에너지를 공급하는 그 어떤 외력도 없는 상황에서 물체의 에너지는 생겨나지도 않으며 없어지지도 않는다. 불가피하게 마찰 저항이 존재하는 현실에서 기계의 에너지는 마찰 저항을 극복하는 데 쓰고 나면 더는 처음과 같은 상태로 돌아갈 수 없으며 영구 기관도 수포로 돌아가고 만다. 즉 열역학 제1법칙을 다른 말로 표현하면 '제1종 영구 기관은 불가능하다'라고 할 수 있다.

두 번째 것인 제2종 영구 기관은 외계와 완전히 차단하지 않고 다만 단방면으로 한 개 외계 열원으로부터 열을 흡수하여 그 열을 그대로 계속 외부에 대한 일로 바꾸며 순환적으로 돌아가게 하는 기계를 가리킨다. 이런 기계 역시 만들어낼 수 없다. 왜냐하면 그 어떤 기계든지 돌아가자면 반드시 외계와 두 개 통로를 거쳐 에너지를 교환해야 하기 때문이다. 기계는 한 통로로부터 열

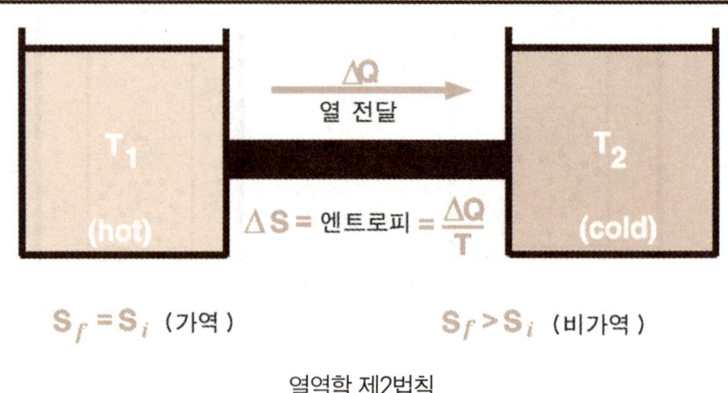

열역학 제2법칙

을 흡수하여 일부분은 '맡겨준 과업을 수행' 하는 데 돌리고, 다른 일부분은 불가피하게 다른 한 개 통로를 거쳐 빠져나가게 된다. 자동차의 엔진을 그 전형적인 예로 들 수 있다. 휘발유가 없으면 자동차의 엔진은 '식량이 끊어져' 시동을 걸 수 없게 된다. 그러나 휘발유만 있고 폐가스를 내보내는 통로가 없다면 역시 시동을 걸 수 없다. 물리학자들은 여러 실험을 거쳐 열역학 제2법칙을 확립했다. 열역학 제2법칙에 따르면 에너지의 전환은 방향성이 있다는 것이다. 즉 반대 방향으로 되돌릴 수(가역적) 없고 비가역적이라는 것이다. 인류는 이 방향성을 어기고 영구 기관을 만들 수 없다. 즉 열을 모두 일로 바꾸는 제2종 영구 기관은 에너지 보존 법칙에 위배되지는 않으나, '열 현상은 비가역적' 이라는 열역학 제2법칙에 위배되므로 존재할 수 없다.

일상 생활에서 사람들은 두 손바닥을 마주 비벼 열을 내는데 이는 일이 열로 변하는 과정이다. 그러나 자동차 엔진이 휘발유로부터 얻은 열량은 몽땅 자동차를 움직이는 데 돌려지지 못한다. 그 중 일부분 열량은 언제나 다른 통로를 거쳐 어디론가 사라져 버린다. 이는 '열이 몽땅 일로 전환될 수 없다'는 것을 분명히 보여 준다. 이것이 바로 열량과 일 사이의 단일 방향성(비가역성)이다. 만약 더운 물컵과 찬 물컵을 나란히 접촉시켜 놓고 그것들이 열만 서로 전달하게끔 한다면 어떤 결과가 나타날 것인가? 더운 물은 온도가 내려갈 것이고 찬물은 온도가 높아지면서 두 컵의 물의 온도가 같아질 때까지 열이 전달될 것이다. 더운 물이 스스로 찬물로부터 다시 열량을 흡수하여 계속 온도가 올라가고 찬물은 다시 온도가 내려가는 현상이 절대 나타나지 않을 것이다. 이것이 바로 열량이 전달되는 방향성이다.

이상과 같이 제1종 영구 기관이나 제2종 영구 기관은 모두 불가능하다. 이 두 가지 유형의 영구 기관은 이미 여러 실험에 의해서 확인된 자연계의 에너지가 변하는 일반 법칙에 어긋나기 때문이다. 이렇게 영구 기관에 대한 꿈은 불가능한 것으로 밝혀졌으나 영구 기관을 만들기 위한 노력과 연구는 열역학이라는 학문이 성립되는 기반이 되었다.

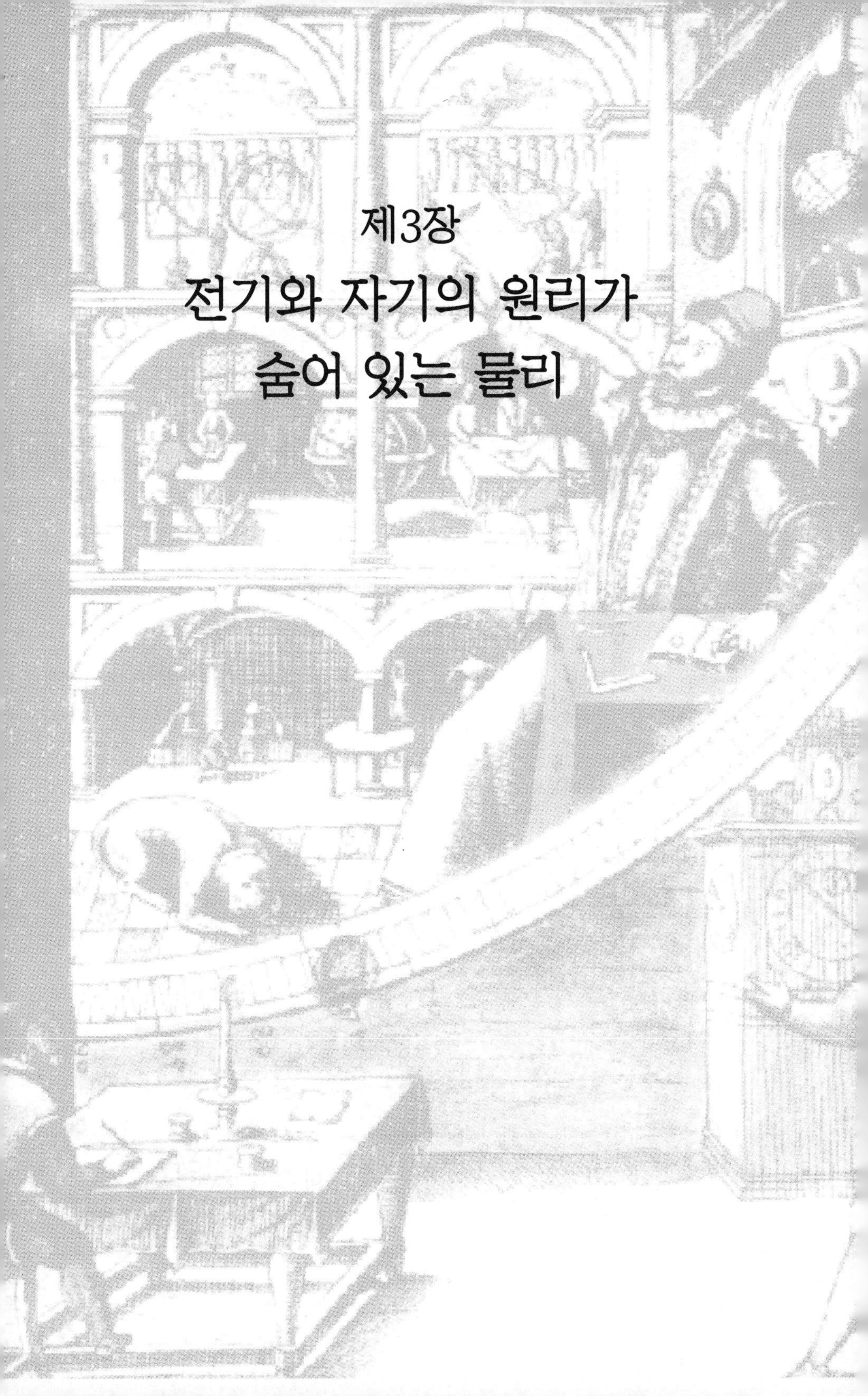

제3장
전기와 자기의 원리가
숨어 있는 물리

32

전기는 어디에서 오는가

제3장 전기와 자기의 원리가 숨어 있는 물리

전기가 현대 생활에 끼치는 영향은 굳이 말할 필요가 없다. 세탁기, 전기 냉장고, 컴퓨터, 텔레비전… 각종 가정용 전기 기구는 전기를 떠날 수 없다. 공장, 학교, 상점도 전기가 없어서는 안 된다. 인류는 전기로 조명, 난방, 냉동, 통신 등을 한다. 전기가 있음으로 하여 우리의 생활은 편안하고 편리하다. 전기는 과연 어디에서 올까?

우리가 보통 쓰는 220V 가정용 전기는 발전소에서 온다. 발전소에서 발전기가 전기를 만들어내고 다시 각종 송전선을 거쳐 집집마다 전기가 보내진다.

전기란 바로 전기 에너지로써 에너지의 한 가지에 속한다. 우리가 평소에 전기를 얼마만큼 썼다고 말하는 것은 전기 에너지를 얼마만큼 소모했다는 것이다. 예를 들어 전열 난방기는 전기로 집안을 덥히는 기구로써 이때는 전기 에너지를 열 에너지로 전환시킨 것이다. 발전기는 이와 정반대로 기타 형식의 에너지를 전

기 에너지로 전환시킨다.

흐르는 물은 위치 에너지(퍼텐셜 에너지)를 가지고 있다. 수력 발전소에서 흐르는 물이 수력 터빈을 추진시키면 이 퍼텐셜 에너지가 역학적 에너지로 변환되어 발전기의 자석묶음이 돌아가면서 변하는 자기장이 생긴다. 변하는 자기장은 또 코일 안에서 유도 전류가 생겨나게 한다. 그리하여 발전기는 전기를 내보낸다. 다시 말해서 수력 발전소는 흐르는 물의 퍼텐셜 에너지를 역학적 에너지로, 이 역학적 에너지를 전기 에너지로 전환시킨다.

풍력 발전소에서는 줄줄이 늘어선 커다란 풍차들이 동시에 돌아가면서 발전기를 움직여 전기를 만들어낸다. 이는 유동하는 공기 역학적(aerodynamic) 에너지를 회전자를 이용해 전기 에너지로 전환시킨 것이다.

화력 발전소에서는 석탄, 석유, 천연가스 등 연료를 태워 보일러의 물을 끓인다. 거기서 얻은 높은 온도의 증기로 증기 터빈을 돌려 전기를 만들어낸다. 이는 연료가 탈 때 내보내는 화학 에너지를 전기 에너지로 전환시킨 것이다.

과학자들은 원자핵 속에 거대한 에너지가 잠재하여 있다는 것을 발견하였는데, 이것을 원자력 에너지 또는 원자력이라고 한다. 1kg의 우라늄 ^{235}U 동위 원소가 분열 반응을 할 때 내보내는 원자력 에너지는 2700t의 질좋은 석탄을 태울 때 내보내는 에너지와 맞먹는다. 원자력 에너지로 발전할 수 없는가? 원자력 발전소에서는 바로 이 핵연료가 핵분열 반응을 할 때 나오는 에너지를 이용해 전기를 만들어낸다. 지금 쓰고 있는 핵원료는 주로 우라늄과 토륨이다. 원자력 에너지의 또 다른 대안은 핵융합 에너지이다. 이는 바다 속에 무진장 들어 있는 중수소 · 삼중수소가 충돌해서 헬륨 원자핵이 되는 핵융합 반응이 일어날 때 나오는 에너지(열)를 이용하는 것이다. 태양이 열을 내는 방식을 이용한 것으로 핵분열 반응 때보다 3~5배의 더 많은 에너지를 얻을 수 있고, 핵분열 반응 때 제기되는 핵 폐기물 문제, 한정된 우라늄 자원의 문제를 해결할 수 있다. 바다 속에 들어 있는 중수소의 저장량은 인류가 1000만 년을 쓰고도 남는다고 한다. 지금 핵융합 반응의 조건이 되는 고온의 플라스마를 가둘 수 있는 토카막에 대한 연구가 한창이다.

이 외에도 태양열 발전, 태양광 발전, 연료 전지(수소 연료 전지), 조력 발전, 지열 발전 등의 신대체 에너지 연구가 주목되고 있다. 이들 에너지는 공해가 없어 친환경적이며 자원이 무한하다는 장점이 있는 반면 태양열이나 풍력의 경우 에너지 밀도가 낮고 시설비가 아직 비싸며 집광판(태양열), 풍차(풍력)가 차지하는 면적이 커 아직 연구 단계이다. 연료 전지도 기술적으로 해결해야 할 문제가 많이 남아 있다.

전기 에너지를 나날이 널리 사용함에 따라 그 요구량도 더 많아지고 있다. 그런데 지구에 매장되어 있는 석탄, 석유, 천연가스를 비롯한 자연 자원은 또 점차 소모되어 바닥이 드러나고 있다. 지금 소모하고 있는 속도로 계산하면 석유는 이제 70년이면 고갈되고, 석탄 자원은 그보다 조금 풍부하기는 하지만 그래도 가장 길게 잡아서 500년이면 끝을 보게 된다. 에너지 원천의 고갈은 이미 인류가 맞닥뜨린 준엄한 문제가 되었다.

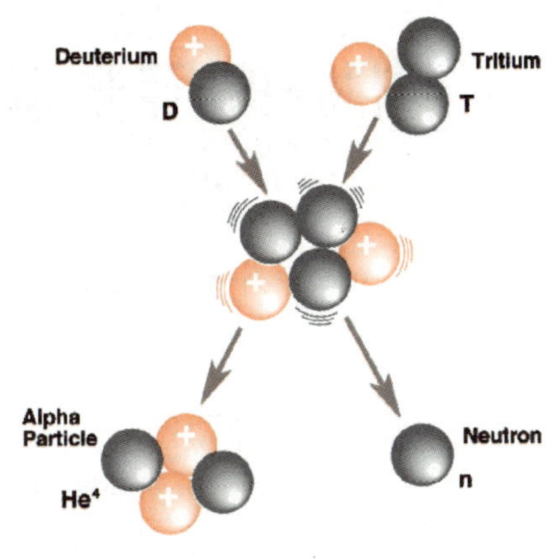

핵융합 반응 모형도

개폐기의 퓨즈, 과전류 차단기, 배선용 차단기

집안의 전등이 갑자기 꺼지면 과거에는 먼저 개폐기의 퓨즈가 녹아 떨어지지 않았는지를 검사했다. 대부분의 정전 사고는 다 여기서 생겼다. 퓨즈가 이처럼 쉽게 녹아 끊어지는데 무엇 때문에 쉽게 끊어지지 않는 다른 금속선으로 바꾸어 넣지 않았을까?

바로 이러한 퓨즈의 성질을 이용해 전기 회로에 지나치게 센 전류가 흐를 때 퓨즈가 저절로 녹아 끊어지기 때문에 전기 기계나 기구가 센 전류로 못쓰게 될 위험을 줄여 줄 수 있기 때문이다.

퓨즈는 녹는점이 아주 낮은 합금선으로써 그것을 가정용 개폐기함의 개폐기에 장치하면 전기 회로에 흐르는 전류의 크기를 안전한 범위 안으로 제한할 수 있다. 쓰는 전기량이 너무 많거나 전기 회로의 어느 부분이 합선되면 전기 회로에서 흐르는 전류가 갑자기 세져 화재 등 기타 사고가 일어날 수 있다.

전기 회로에 퓨즈를 이어 넣으면 화재나 전기 기구가 못쓰게 되는 등의 사고를 효과적으로 방지할 수 있다. 전기 회로에 센 전류가 흐를 때면 전기선이 열을 받아 몹시 뜨거워진다. 그런데 퓨즈의 녹는점이 구리나 알루미늄보다 낮아 일정한 정도로 오르면 퓨즈가 먼저 녹아 끊어지면서 즉각 전기 회로를 차단시킨다. 그리하여 센 전류가 흐르면서 일어날 수 있는 여러 가지 사고를 미연에 방

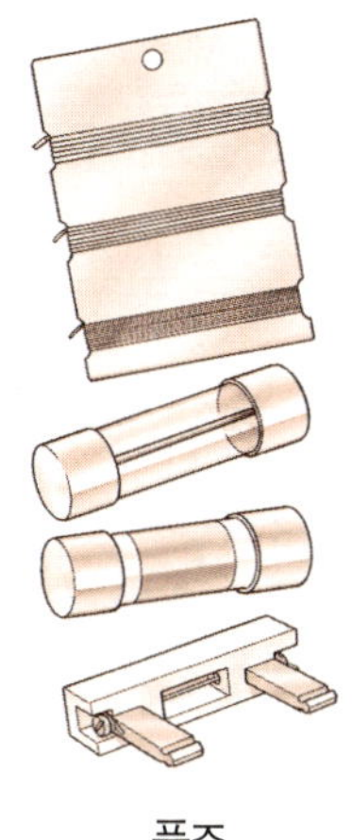

퓨즈

지한다. 만약 퓨즈 대신 구리선이나 알루미늄선을 이어 놓으면 이런 금속들의 녹는점이 매우 높기 때문에 아무리 센 전류가 흘러도 쉽게 녹아 끊어지지 않는다. 회로가 끊어지지 않으니 어떤 무서운 사고를 빚어낼지 상상조차 하기 어렵다.

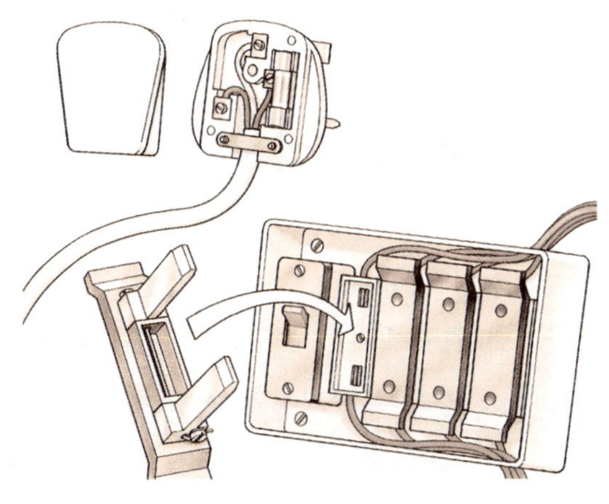

과전류 차단 시스템

각종 개폐기

　물론 전기 기구마다 수요되는 전류의 크기도 다 다르다. 따라서 경우에 따라 여러 규격의 퓨즈를 선택해야 한다. 퓨즈의 지름이 클수록 감당하는 전류의 세기도 더 크다. 일반적으로 퓨즈를 선택할 때 퓨즈의 정격 전류가 전기 회로에서의 동작 전류보다 조금 커야 한다. 만일 선택한 퓨즈의 정격 전류가 너무 작으면 전기 회로에 수요되는 크기의 전류를 얻을 수 없고 반대로 정격 전류가 너무 크면 안전 작용을 하지 못한다.

　가정용 전기 기구에는 모두 정격 출력과 정격 전류의 수치가 밝혀져 있는데, 이것이 바로 전기 기구가 정상적으로 동작할 때 수요되는 전류의 크기를 말한다. 그러므로 많은 전기 기구에는 모두 퓨즈가 장치되어 있다. 만약 전기 기구를 통과하는 전류가 너무 세면 퓨즈가 저절로 녹아 끊어져 전기 기구가 못쓰게 되지 않는다.

　이러한 퓨즈의 원리를 이용하고 보완한 것이 과전류차단기, 누전차단기, 배선용 차단기 등이다. 퓨즈는 구조가 매우 간단하고 저렴하지만 자주 녹아내릴 경우 재사용이 불가능하며 계속 교체에 주어야 하는 결점도 있어 사용은 제한적이다. 과전류차단기는 바이메탈을 이용하는 것으로 규정 이상의 센 전류가 흐를 때 발생하는 열로 인해 바이메탈이 구부러짐으로써 전류가 차단된다. 배선용 차단기는 과전류만을 차단하는 것에 비해, 누전차단기는 과전류뿐만 아니라 누전까지도 차단하도록 되어 있다. 요즈음 가정에는 대체로 배선용 차단기가 설치되어 있는데, 센 전류가 흘러 전기가 차단되었을 때, 과거처럼 퓨즈를 교체해 주는 불편함이 없이 과도하게 흐른 전류를 조절하고 차단기를 다시 올리는 작업만으로 다시 전기를 이용할 수 있다. 또 바이메탈식 이외에 전자식 과전류 차단기도 있는데, 내부에 CT가 장치되어 이것이 이상 전류를 감지하면 전류가 차단된다.

34

백열전구, 한 박자 늦게 켜지는 형광등, 부드러운 빛의 3파장 램프

제3장 전기와 자기의 원리가 숨어 있는 물리

백열 전구는 전기를 넣기만 하면 금방 환히 켜진다. 그런데 형광등을 켤 때에는 먼저 점등관(스타터 램프, 글로 스타터)이 몇 번 반짝반짝하다가 켜진다. 이는 무엇 때문일까?

형광등의 발광 원리부터 설명해 보자. 형광등의 유리관 안에는 약간의 수은과 아르곤 가스가 차 있으며 끝부분에 전극이 하나씩 있다. 음극에서 발사되어 나온 전자는 유리관 안의 아르곤 가스 분자와 충돌하여 더 많은 전자를 생성한다. 이러한 전자의 충돌을 받아 수은 증기가 방전하면서 보이지 않는 자외선을 복사한다. 이 자외선이 유리관 벽에 발라져 있는 형광 물질을 자극하여 빛을 낸다. 그런데 음극에서 전자를 발산하고 발사되어 나간 전자가 충족한 에너지를 가지고 아르곤 가스 분자와 충돌하여 더 많은 전자를 생성하자면 유리관 두 끝의 전극에 매우 높은 전압을 걸어 주어야 한다. 보통 쓰는 220V 전압으로는 전자가 충돌할

100

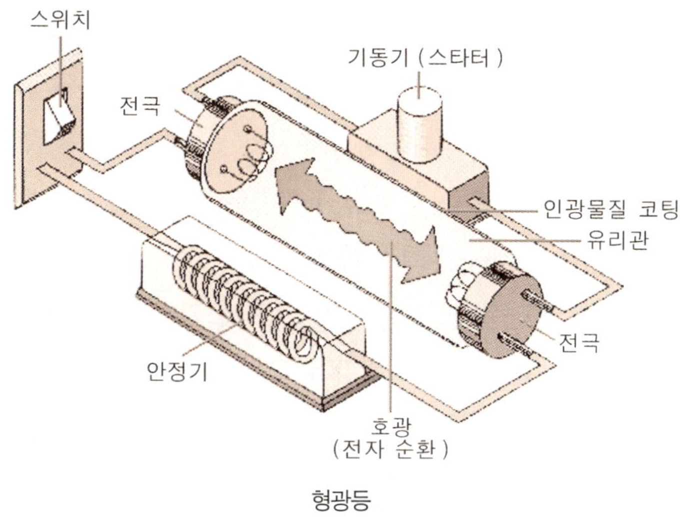

형광등

때 요구되는 에너지를 공급할 수 없다. 그러므로 형광등을 켜자면 220V보다 더 높은 시동 전압이 필요하다. 이 시동 전압을 얻는 일을 바로 점등관과 안정기가 함께 수행한다.

형광등을 전원과 연결한 후에도 유리관 안에서 바로 방전 현상이 일어나는 것은 아니다. 그 대신 먼저 점등관의 네온관 안에 있는 바이메탈 전극과 고정 전극 사이에서 글로 방전이 일어나면서 빨간 빛을 낸다. 글로 방전에 의해 생긴 열을 받아 바이메탈 전극의 온도가 올라간다. 그리하여 바이메탈 전극은 구부러지면서 고정 전극과 맞붙는다. 이때 글로 방전은 멈추고 점등관도 빛을 내지 않는다.

훈광 방전이 멈추면 바이메탈 전극은 천천히 냉각되면서 원래의 모양을 회복한다. 바이메탈 전극이 고정 전극과 갈라질 때 전기 회로가 열리면서 전류가 중단된다. 전류가 중단되는 순간에 안정기에는 매우 높은 전압이 유도되어 생기는데, 그 유도 전압이 1000V까지 달한다. 이 유도 전압과 전원 전압이 함께 유리관 양끝의 전극에 가해져 형광등이 밝아진다.

만약 상술한 과정을 거쳐 한번에 형광등이 켜지지 못하면 점등관의 네온관은 형광등이 켜질 때까지 이 과정을 여러 번 반복한다. 그리하여 점등관에선 빨간 빛이 몇 번 켜지고 꺼지고 한다. 형광등이 켜진 후 전류의 세기가 급속히 커진다. 안정기가 바로 이 전류의 크기를 정격 전류로 통제하는 장치이다. 한편 유리관 안의 수은이 증발되어 두 끝 전극 사이의 저항이 크게 줄어들고 두 끝의 전압도 내려간다. 그리하여 한 개 회로에 이어진 점등관은 더는 글로 방전을 하지 않고 빨간 빛도 내지 않는다.

만약 공급되는 전기의 전압이 좀 낮거나 집안 온도가 낮으면 형광등이 잘 켜지지 않아 점등관이 자꾸 반짝반짝 빛을 낸다. 전압이 너무 낮거나 형광등의 점멸 횟수가 많아져 너무 낡으면 관이 검게 되어(흑화현상) 아예 불이 켜지지 않는다.

한편 요즈음 3파장 램프(3파장 형광등)가 백열 전구나 기존의 형광등을 빠르게 대체하고 있다. 3파장 램프는 물론 형광등의 일종이지만 전력 소모가 적고 빛이 밝다는 점에서 백열 전구에 비해 우월하며, 스위치를 넣으면 곧바로 켜지므로(순간적으로 점등되는 래피드 스타터형과 점등되고 나서 점차 밝아지는 소프트 스타터형) 전력 소모가 적고 램프의 수명이 연장된다는 점, 빨·녹·파의 3가지 파장을 혼합하여 햇빛과 비슷한 부드러운 주광색

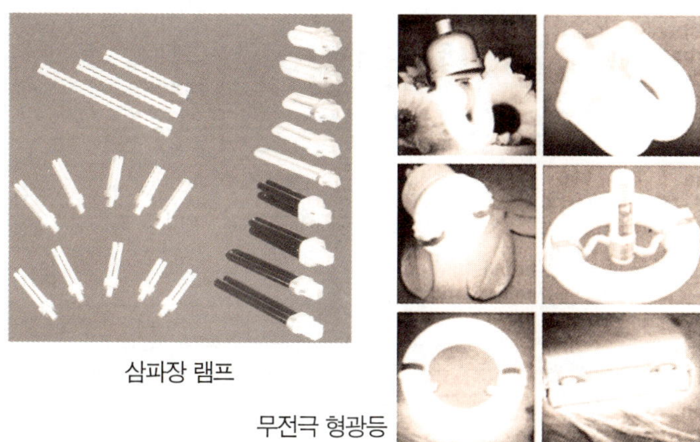

삼파장 램프

무전극 형광등

빛이 나온다는 점에서는 기존 형광등에 비해 우월하다.

기존 형광등은 점등관에서 바이메탈을 이용하지만 3파장 램프에서는 전자회로를 이용해 점등관과 안정기와 함께 일체를 이룬다. 백열전구의 소켓에 끼울 수 있어 전구형 형광등이라고도 할 수 있다. 독일의 오스람 사에서 개발되어 오스람 램프라고도 한다. 지름 1.2㎝ 정도의 U자관을 2~3개 연결하여 백열 전구의 크기만큼 작아지게 하였고, 안정기 등이 같이 들어 있어 백열 전구에 비해 무겁다.

3파장 램프에는 인산염 형광물질 등이 쓰이는데, 효율이 높은 형광물질의 개발이 중요하다. 최근 전극을 사용하는 대신 플라스마의 원리를 이용한 무전극 형광등이 유럽에 이어 한국에서도 개발되었다.

35

전기를 절약하려면
백열전구보다는 형광등을

제3장 전기와 자기의 원리가 숨어 있는 물리

40W짜리 형광등은 150W짜리 백열 전구와 별반 차이 없이 밝은 빛을 내지만 그것이 소모하는 전기 에너지는 백열 전구보다 적다. 형광등은 발광 효율이 백열 전구보다 높으면서도 전기를 백열 전구보다 많이 절약한다.

형광등과 백열 전구의 발광 방식이 다르기 때문에, 백열 전구는 전기 에너지를 열 에너지로 바꾸어 이 열 에너지가 내놓는 빛을 이용한 것으로, 전류가 필라멘트선이라는 저항선을 통과할 때 생기는 열 효과에 의해 빛을 낸다.

이 때 2000℃ 이상의 고온에서 온도 복사를 일으켜 발광시키는 것인데, 발광 효율은 온도가 높아짐에 따라 높아진다. 그러므로 보통 녹는점이 높은 텅스텐(녹는점이 3387℃임)선으로 필라멘트선을 만든다. 여러 개발을 거쳐 백열 전구의 발광 효율이 어느 정도 높아지기는 하였지만 전기 에너지가 빛 에너지로 전환되는 부분은 그래도 적고 대부분의 전기 에너지는 모두 열 에너지로 변하여 쓸모없이 낭비된다. 그러나 백열 전구는 점등에 요구되는 특별한 장치가 필요없고 취급이 간단하고 가격도 저렴한 장점이 있다.

형광등의 발광 원리는 이와 다르다. 형광등의 유리관 벽에는 형광 물질이 발라져 있고 양끝에는 전극이 놓여 있으며, 유리관 안에 약간의 수은과 아르곤 가스가 차 있다. 형광등을 전원과 이어 놓으면 전극에서 전자를 발산하고 이 전자들은 유리관 안에서 빠른 속도로 다른 한 쪽 끝을 향하여 운동하면서 아르곤 가스 분자와 충돌하여 더 많은 전자를 생성한다. 대량의 전자는 수은 증기 분자와 충돌하여 수은 증기 분자가 초과 에너지를 얻고 에너지가 높은 상태로 뛰어오르게 한다. 이러한 분자들이 고에너지 상태에서 정상 에너지 상태로 돌아올 때면 남는 에너지를 자외선의 방식으로 방출한다.

자외선은 가시 광선이 아니지만 유리관 벽에 바른 형광 물질은 이 자외선을 흡수한 후 가시 광선을 내보낸다. 이로부터 보면 형광등의 발광 과정에서 그것이 내보내는 빛은 찬빛으로써 열량 소모가 아주 적다. 그리하여 형광등은 발광 효율이 크게 높아지고 백열 전구보다 전기를 적게 소모한다.

단 백열 전구는 스위치를 올리면 바로 점등되고 규정된 전력만을 소모한다. 이에 반해 형광등은 켜지기까지 높은 전압을 유도하기 위해 점등관에서 반짝반짝하며 많은 전력이 소모된다. 이때 소모되는 전력은 형광등을 약 15~30분 켤 수 있는 양이다. 따라서 형광등은 자주 켰다 껐다 하면 전력이 많이 소모되므로 짧은

시간 안에 다시 켜야 한
다면 오히려 끄지 않는
것이 전기를 절약할 수
있다. 따라서 비교적 장
시간 조명을 사용하는 거
실·공부방·작업실 등
에는 형광등을 설치하고,
비교적 단시간 내에 조명
을 사용하는 화장실·복
도 등에는 백열 전구를
설치하면 전기를 절약할
수 있다.

여러 형광 물질은 각
기 다른 주파수의 빛을
발한다. 즉 우리의 눈으
로는 여러 색깔의 빛을
보게 된다. 만약 알맞는
형광 물질을 선택한다면
형광등의 불빛을 햇빛과
가깝게 만들 수 있다. 이
것이 우리가 많이 쓰고
있는 주광색 등이다.

요즈음 스위치를 올리

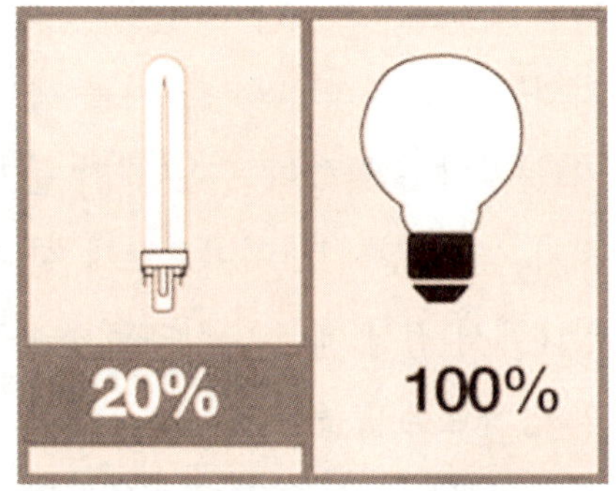

3파장 램프와 일반 전구 비교

면 백열 전구처럼 바로 점등되고 같은 소비전력에서도 밝기가 10~15% 정도 높아진 전자식 안정기를 이용한 형광등도 많이 사용되고 있다. 이 또한 전자회로를 이용한 것으로 점등되기까지 추가 전력이 소모되기는 하나 재래의 자기식 안정기를 이용한 형광등보다 전기를 절약할 수 있다.

3파장 램프가 적은 전력 소모에도 백열 전구보다 밝은 점, 형광등의 차가운 푸른빛이 아닌 부드러운 주광색에 가까운 점 등의 장점으로 백열 전구나 형광등을 대체하고 있다.

반딧불이도 빛을 내는데 그 빛 역시 찬 빛이다. 뿐만 아니라 반딧불이의 발광 효율은 형광등보다 높다. 반딧불이의 발광메커니즘을 응용해 어떻게 한 걸음 더 발광 효율을 높일까 하는 것은 과학자들이 아주 흥미를 가지고 연구하는 문제이자 또한 중요한 과제이다.

반딧불이 우표

36

전압을 높일 수도 있고 낮출 수도 있는 변압기

제3장 전기와 자기의 원리가 숨어 있는 물리

변전소에 가면 변압기가 '웅웅' '우는' 소리를 들을 수 있다. 이것은 변압기가 한창 바삐 '일' 하고 있다는 것을 말해 준다. 전기를 쓰는 곳에는 어디에나 크고작은 변압기가 있다. 변압기는 전압의 크기를 바꾸는 설비로써 전압을 높여도 주고 낮추어도 준다.

변압기는 어떻게 전압을 높일 수도 있고 낮출 수도 있는가? 먼저 변압기의 구조부터 알아보자. 변압기는 종류도 많고 크기도 여러 가지지만 그것들의 기본 구조는 모두 비슷한데, 두 개 조의 독립적인 코일이 닫힌 철심에 감겨 있다. 이 두 개 조의 코일을 각기 1차 코일, 2차 코일이라고 부른다. 전류는 1차 코일로 흘러 들어가서 2차 코일로 흘러나온다. 만약 1차 코일의 감긴 횟수가 2차 코일의 감긴 횟수보다 많으면 2차 코일에서의 전압은 낮아진다. 이런 변압기를 강압 변압기라고 한다. 반대로 만약 1차 코일의 감긴 횟수가 2차 코일의 감긴 횟수보다 적으면 2차 코일에서

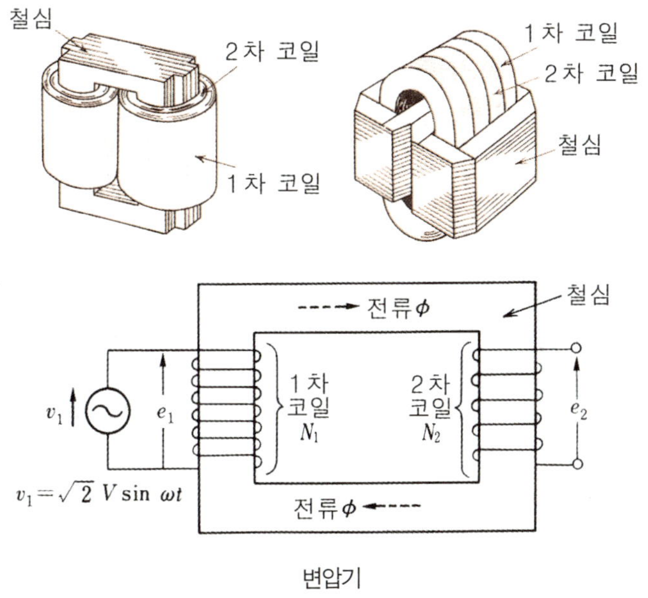

변압기

의 전압은 높아진다. 이런 변압기를 승압 변압기라고 한다.

변압기의 동작 원리는 간단하다. 전자기 유도 원리에 따르면 한 도체가 변화하는 자기장 속에 있을 때 그 도체에는 전류가 흐른다. 변압기를 전기 회로와 이어 놓으면 전류는 변압기의 1차 코일로 흘러들어오며 이때 전류 주위에는 자기장이 생긴다. 입구 전류의 방향은 끊임없이 변하므로 전류와 동시성으로 변화하는 자기장이 생긴다. 이 자기장은 변압기의 철심을 따라 닫힌 회로를 이룬다. 자기장의 크기와 방향이 끊임없이 변하므로 2차 코일에서는 유도 전류가 생겨 흐른다. 한 개 고리 코일의 전압은 모두 같으므로 2차 코일의 감긴 횟수가 많을수록 2차 코일의 출구 전압은 더 높아진다.

만약 직류 전기를 변압기에 이어 놓으면 어떻게 될까? 직류 전기의 전류는 한 개 방향을 따라 흐르므로 생성된 자기장의 방향도 변하지 않는다. 그러므로 2차 코일에서는 유도 전압이 생겨나지 않는다. 다시 말해서 변압기는 오로지 교류 전기의 전압만을 높이고 낮출 수 있을 뿐이다.

전기를 쓰고 있는 곳에는 변압기가 없어서는 안 된다. 발전소와 발전기에서 생성된 전기는 먼저 거대한 변압기로 교류 전압을 몇 만 V 또는 수십만 V의 고압으로 높인 다음 송전선을 통하여 도시와 농촌에 수송한다. 이리하여 먼거리 송전선에서 소모되는 전기 에너지를 대량으로 절약한다. 전기를 쓰고 있는 곳에서는 또다시 변압기로 전압을 수백 V로 낮춘 다음 공장이나 학교, 주택에 공급한다. 물론 더욱 작은 변압기도 있다. 조명용 전기 전압은 수십 V ~ 몇 V로 낮추어 라디오와 같은 가정용 전기 기구에서 쓸 수 있다.

일상용 소형 변압기를 쓸 때 손으로 만져 보면 변압기가 언제나 따뜻하다. 이것은 전류가 변압기를 통과할 때 생긴 열이다. 고압 계통에서 사용하는 변압기는 전류에 의해 생긴 열을 받아 몹시 뜨거워진다. 변압기를 정상적으로 동작시키기 위하여 흔히 변압기를 기름 상자 안에 넣어둔다. 이렇게 하면 변압기를 식혀 주는 냉각 작용도 하고 사고를 방지할 수 있는 절연 작용도 할 수 있다.

37

누전이란 무엇인가

제3장 전기와 자기의 원리가 숨어 있는 물리

전류가 흐르지 말아야 할 곳에 전류가 흐르는 현상을 일컬어 누전이라고 한다. 왜 누전이 일어나는가? 원인은 많지만 주로 전류 수송선에서 생긴다. 예를 들면 길 옆의 나무가 너무 높게 자라 전선을 가로지나면 전선과 나뭇가지가 마찰하면서 전선의 절연 피복이 벗겨져 도선이 직접 나뭇가지에 닿는다. 이런 경우에 비가 오게 되면 습한 나뭇가지는 전기를 전도하여 누전이 생긴다. 또 실내의 전선이 너무 오랫동안 사용해 절연층이 노화되어 갈라지면서 국부적으로 전류가 흘러나가 누전이 일어나기도 한다.

누전은 전기 에너지를 불필요하게 소모할 뿐만 아니라 위험하다. 누전이 일어난 곳은 누전 전류 때문에 열이 생기는데 만약 제때에 열량이 확산되지 못하면 온도가 점점 높아져 일정한 온도까지 이르게 되며, 절연층이나 나무 등 도선 주위의 물체를 연소시켜 화재가 일어날 수 있다. 누전 전류가 셀수록 생성하는 열량도

많아 더욱 위험하다.

　누전은 인체에 직접적인 피해를 가져다 주기도 한다. 만약 사람이 누전 전류와 접촉했을 경우 누전 전류가 약하다면 저린 감정도만 느껴지지만, 전류가 세다면 강한 전류 충격을 받을 것이고, 전류가 아주 세다면 사람은 전류에 '끌려들며' 전선에서 떨어지지 않아 생명이 위험하게 된다. 이런 경우에는 먼저 전원을 차단시킨 다음 사람을 구해야 한다.

　누전을 방지하려면 정기적으로 전기 선로를 검사하는 것 외에도 전기 기구의 전선이 너무 오래 사용해 마모되었다면 제때에 새것으로 바꾸어야 한다. 전선이 카펫 밑을 가로지나 사람들이 딛고 다니면서 절연 피복층이 파괴되는 현상을 방지해야 한다. 사용하지 않는 전기 기구는 전원을 꺼놓아야 한다.

112

원거리 송전은 초고압 송전으로

발전소의 발전기에서 내보내는 전기는 보통 1000~2만V이다. 송전할 때 먼저 승압 변압기로 전압을 수십만V까지 높여 송전망에 보내고 전기를 사용하는 곳에서는 강압 변압기로 전압을 수요하는 만큼 낮춘다. 왜 송전에서는 초고압 송전을 할까?

초고압 송전의 주요 목적은 송전에서의 전기 에너지의 손실을 줄이려는 데 있다. 전선에 전기를 통과시키면 열이 나는데, 그것은 전류가 저항선에서 흐를 때 전기 에너지가 열 에너지로 전환되기 때문이다. 같은 원리로 송전선에도 일정한 저항이 있어 일부분의 전기 에너지는 전류의 작용으로 열 에너지로 전환되면서 소모된다. 저항이 작은 알루미늄이나 구리 같은 금속

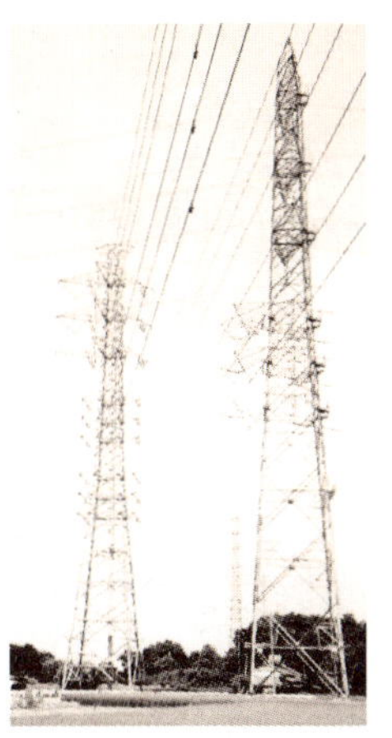

송전탑

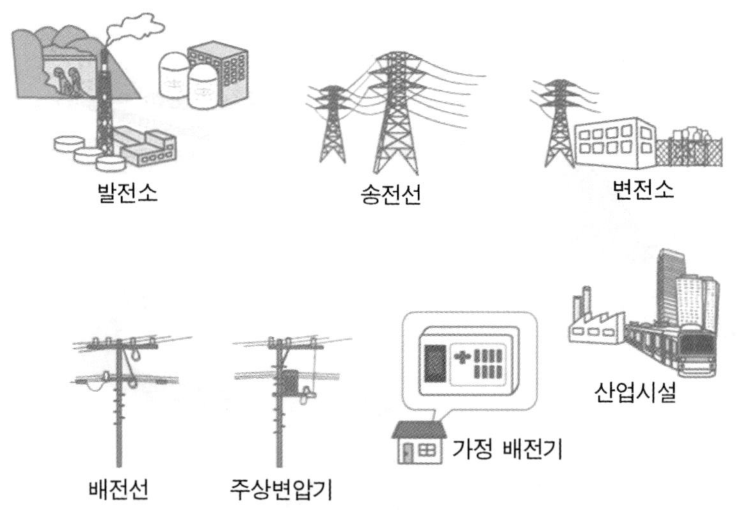

도선이라도 도선이 길어지면 이런 손실이 많아져 무시할 수 없다.

송전선의 저항을 줄이거나 없애는 방법이 있을까? 방법은 있지만 실제적이 못 된다. 송전선의 저항을 줄이는 가장 간단한 방법은 도선의 횡단면적을 크게 하는 것이다. 그러나 송전선이 아주 긴(예를 들면 수백km) 경우에 도선의 횡단면적을 크게 하면 금속 재료를 많이 소비하게 되고 도선이 무거워 가설하기 어렵게 된다. 또 어떤 물체는 온도를 일정한 정도까지 낮추었을 때 전기 저항이 생기지 않는 것이 발견되었다. 이것을 초전도 현상이라 한다. 그러나 지금 초전도체 재료로 송전한다는 것은 실제 응용과는 거리가 멀다.

저항이 변하지 않는 조건 하에서 물체가 소모하는 일률은 전류의 제곱에 정비례한다. 때문에 전류를 약하게 하여 전기 에너지의 손실을 줄이는 것이 가장 효과적인 방법이다. 어떻게 하면 전류를 약하게 하겠는가? 출력의 크기는 전류와 전압의 곱과 같다. 따라서 출력이 일정한 경우에 전압을 높여 전류의 세기를 낮추어 송전선에서의 전기 에너지 손실을 줄일 수 있다. 예를 들어 200㎾ 일률의 전기를 내보낸다고 하자. 만약 2천V 전압을 쓰면 도선의 전류는 100A이다. 도선의 저항을 10Ω으로 가정한다면 이때 손실된 일률은 100㎾로써 출력의 절반을 차지한다. 만약 전압을 100배로 높여 20만V로 한다면 도선의 전류는 1A밖에 안 되어 손실된 일률은 10W로써 2천V 송전시 손실이 만분의 1밖에 안 된다.

그렇다면 송전 전압을 높일수록 좋을까? 아니다. 전압을 높이면 그에 따르는 다른 문제들도 나타난다. 예를 들면 도선과 도선 사이의 공기가 관통되거나 돌발적인 정전 때는 불꽃 방전 등의 현상이 있다. 지금 원거리 송전에서 쓰고 있는 초고압은 보통 50～100만V로써 송전 전압을 더 높이는 데는 아직도 많은 기술적으로 어려운 문제들이 해결되지 못하고 있다.

송전 철탑에 많은 도자기 절연체가 달려 있는 것을 볼 수 있는데 이는 초고압 송전에서의 안전을 위함이며, 또 외관의 아름다움도 고려한 것이다.

39

반복하여 충전할 수 있는 축전지

제3장 전기와 자기의 원리가 숨어 있는 물리

자그마한 전지는 마치 전기의 창고처럼 전기를 '보관' 했다가 내보낸다. 전지는 내부의 화학 물질들이 반응하는 것을 이용하여 화학적 에너지를 전기 에너지로 전환시킨다. 보통 건전지는 축적한 화학적 에너지를 단 한 번만 전기 에너지로 전환시키며 전기를 다 쓴 후에는 다시 충전하지 못한다. 반면 축전지(충전용 전지, 2차 전지)는 겉보기에는 보통 전지와 비슷하지만 전기를 다 쓴 후에도 충전하여 계속 쓸 수 있어 편리하고도 실용적이다. 어떻게 축전지는 반복하여 충전할 수 있을까? 축전지의 구조는 건전지와 어떻게 다를까.

보통 건전지는 모두 양극과 음극이 있는데 양극은 구리 모자를 씌운

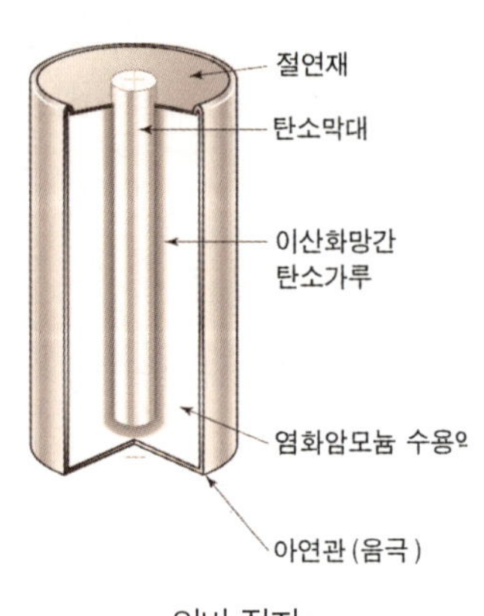

일반 전지

116

탄소막대이고 음극은 얇은 아연판으로 된 외각이다. 방전할 때 아연과 전지 내의 전해질이 화학 반응하면서 전류를 생성한다. 따라서 아연도 점차적으로 소모되면서 생성물이 점점 누적되어 화학 반응이 계속 진행되는 것을 방해하면서 방전 전류가 약해진다. 전류가 약하여 더 이상 쓰지 못할 때 우리는 전지의 전기를 다 썼다고 한다. 건전지에 화학 물질을 보충하여 재활용하는 것은 아주 어렵고 원가도 높다.

축전지가 쓰고 있는 전기극 재료나 전해질은 건전지와 다르다. 휴대용 라디오나 녹음기, 사진기의 플래시 같은 소형 전기 기구가 쓰고 있는 니켈 카드뮴 전지는 일종의 알칼리성 축전지이다. 이 전지에서 서로 교대로 꽂혀 있는 격판은 양극판과 음극판이다. 양극판은 윗면의 덮개에 연결되어 있고 음극판은 외각에 연결되어 있다. 양극판과 음극판의 구조는 비슷하지만 속에 채워진 활성 물질은 서로 다르다. 양극판의 활성 물질은 수산화니켈이고, 음극판의 활성 물질은 카드뮴과 철의 혼합물이다. 전지의 양극과 음극은 각각 수산화칼륨과 수산화나트륨 전해질 용액이 담긴 전지홈에 담겨 있다. 양극판과 음극판이 서로 접촉하는 것을 방지하기 위하여 매 극판 사이에 고무막대나 고무판을 넣어 서로 격리시킨다. 외각체는 2차성 방폭 장치로 밀봉되었고 외각이 음극, 덮개가 양극으로 되었다.

축전지가 방전할 때 양극판의 활성 물질은 수산화제일니켈이 되고, 음극판의 활성 물질은 수산화카드뮴이 되면서 전류를 생성한다. 이때 전지에 축적된 화학적 에너지는 전기 에너지로 전환된다. 전기를 다 쓰면 축전기를 이용하여 니켈 카드뮴 전지를 다시 충전할 수 있다. 이때의 화학 반응은 가역성 화학 반응이다. 즉 양극판, 음극판의 활성 물질은 원래의 상태로 되돌아오면서 직류 전원의 전기 에너지를 축전지의 화학 에너지로 전화시켜 다시 축적한다. 니켈 카드뮴 전지 외에 철 니켈 전지, 은 아연 전지 등이 있으며 이것들은 다 알칼리성 용액을 전해질로 한다.

다른 종류의 축전지로는 산성 축전지가 있다. 예를 들어 납 축전지 같은 것인데, 묽은황산 용액을 전해질로 하고 산화납판을 양극으로 하며 해면 모양의 납을 음극으로 한다. 납 축전지는 보통 자동차나 기관차, 선박의 시동 장치에 사용되며, 내연기 점화 계통의 시동에 수요하는 전류를 공급한다. 산성 축전지나 알칼리성 축전지는 모두 반복적으로 충전할 수 있는 전지로써 가역성 화학 반응을 통하여 방전이나 충전할 때 화학적 에너지와 전기 에너지를 서로 전환시킨다.

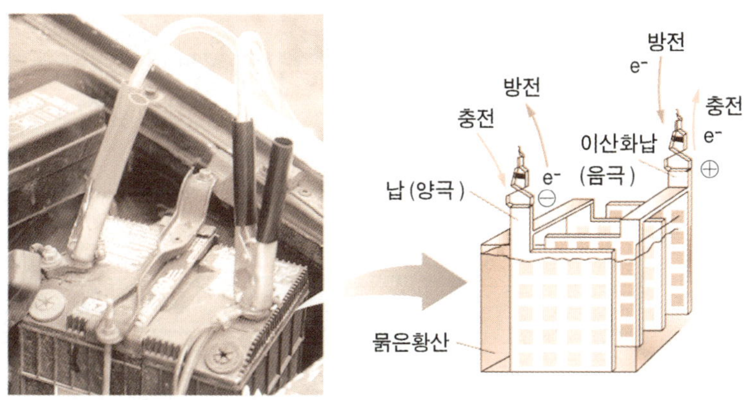

납 축전지

　지금 지구의 석유 매장량은 날로 줄어들고 있으며, 디젤유, 휘발유, 천연 가스 등 연료는 연소할 때에 환경 오염을 일으킨다. 그렇다면 환경 오염이 없는 축전지로 자동차에 직접 동력을 제공할 수는 없을까? 현재는 축전지는 휘발유 같은 연료의 경제적 '경쟁 대상'이 되지 못한다. 충전 전지가 전기 에너지 축적량을 대폭 늘이고 자체의 무게를 크게 줄이고 생산 원가를 많이 낮추어야만 다른 연료와 서로 경쟁할 수 있다. 이에 대한 연구는 진일보하고 있으며, 멀지 않은 장래에 환경 오염이 없는 전지차가 보편·실용화될 것이다.

40

전기를 내는 전기뱀장어

제3장 전기와 자기의 원리가 숨어 있는 물리

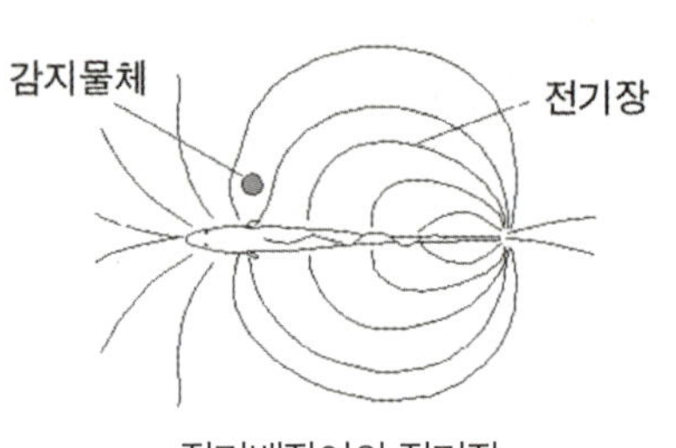

전기뱀장어는 잉어목에 속하는 물고기이다. 생김새는 뱀장어와 비슷하나 뱀장어목과는 유연관계가 없다. 이 물고기는 남아메리카의 오리노코 강이나 아마존 강 일대에서 살고 있다. 길다란 몸체가 뱀장어와 비슷한데다가 방전에 의해 먹이를 잡거나 스스로를 방어하기에 사람들은 보통 전기뱀장어라고 부른다.

전기뱀장어는 어떻게 전기를 만들어낼까? 이는 그의 몸체 구조와 관계된다. 전기뱀장어 몸체의 5분의 4 가량 되는 부위는 전기를 생성할 수 있는 세포로 이루어졌다. 이 말초 신경 세포들은 긴밀하게 배열되어 있는데, 각 세포는 하나의 작은 전지와 같다. 보통 한 개 세포의 길이는 0.1mm로써 0.14V의 전압을 생성시킬

전기뱀장어의 전기장

120

수 있다. 많이 배열된 세포는 마치 많은 전지를 직렬 연결한 것 같이 높은 전압을 생성할 수 있다. 이것은 라디오가 3V 전원을 쓸 경우에 두 개의 1.5V 전지를 직렬 연결하여 3V를 얻는 것과 같다.

작은 전기뱀장어의 몸체에는 1cm 길이에 230개의 전기를 생성할 수 있는 말초 신경 세포가 있어 32V의 전압을 생성할 수 있다. 전기를 생성하는 세포는 전기 뱀장어의 꼬리 부위에 집중되어 있다.

전기뱀장어는 사냥물을 발견했거나 위험에 처했을 때 강한 전류를 내보내는데, 이때 전압은 400 ~ 600V나 된다. 이 정도의 전압으로는 사람도 기절시킬 수 있으며, 개구리, 작은 물고기 같은 것은 죽이거나 정신을 잃게 할 수 있다. 이것으로 먹이를 얻을 수 있고 또 위험에 처하였을 경우에는 전기로 적수를 공격하면서 자기 방어를 할 수 있다. 이 외에 전기뱀장어는 자라면서 점차 두 눈이 실명되는데, 이때에는 방전으로 방향을 잡는다.

전기뱀장어 외에도 전기를 생성하는 어류가 많이 있는데 전기 메기, 전기날치 등 수 백 종의 어류가 전기 를 생성한다. 이것들 의 방전 원리도 전기 뱀장어와 같다.

전자눈을 이용하면 시각장애인도 물체를 볼 수 있다

두 눈을 실명한 시각장애인들은 생활에 많은 불편을 겪는다. 현재 과학자들은 여러 가지 전자눈을 발명하여 시각장애인들도 앞을 볼 수 있게 하고 있다.

그 한 예로는 초음파 전자눈이 있다. 박쥐는 초음파를 내보내고 그 반향을 발달한 귀로 듣는 방법으로 공중에서 날 뿐만 아니라 먹이를 찾는다. 박쥐에서 힌트를 얻어 초음파 전자눈을 만들 수 있다. 초음파 전자눈은 초소형 비디오 카메라와 초음파 거리 측정기로 구성되는데, 보통 시각장애인들이 쓰는 안경, 손전지나 지팡이에 장착하여 초음파 발생기가 초음파를 발사한다.

초음파는 보통 음파에 비해

주파수가 상당히 높아 사람의 귀로는 들을 수 없다. 초음파는 전파 과정에 장애물을 만나면 반사되어 되돌아오는데, 이 신호들은 시각장애인의 안경·지팡이 등에 연결된 소형 노트북으로 보내진다. 다시 이 소형 노트북은 시각장애인의 망막으로 연결된다.

노트북은 신호들을 처리해 임펄스 생성기를 제어하고, 임펄스 생성기는 시각장애인의 망막에 이식된 마이크로칩에 자극을 주어 망막신경을 흥분시킴으로써 뇌에 시각을 형성한다. 이러한 장치가 개발·보완되면 시각장애인들도 색이나 형체를 구분하고 낯선 길도 자유로이 이동할 수 있게 될 것이다.

사람 코보다 후각이
더 예민한 전자코

코가 각종 물체의 냄새를 맡을 수 있는 것은 코에 많은 후각 세포가 있기 때문이다. 후각 세포마다 냄새에 대한 반응은 서로 다른데, 그것이 신경을 통해 뇌에 전달되면 냄새의 속성과 농도를 판단하게 된다. 후각 세포가 많을수록 후각이 더 예민하다. 개는 약 200만 가지 물질의 냄새와 농도를 구별할 수 있다. 그것은 개코의 후각 세포가 2억 2000만 개로 사람보다 44배나 많기 때문이다.

그렇다면 전자 기술로 만들어진 전자코의 후각은 얼마나 예민할까?

전자코는 반도체 재료로 만든 후각 세포와 비슷한 기체 수감기인 초정밀 센서와 사람 뇌의 후각 피질의 역할을 하는 컴퓨터로 구성되어 있다. 반도체 재료로 쓰이는 산화주석, 산화아연 등의 산화금속(metal oxide)을 미세한 분말로 가공하여 전자코의 기체 수감기의 박편에 접착시켜 놓으면 전자코에서 수많은 후각 세

포가 형성된다. 주위에서 냄새가 날 경우 냄새 분자는 분말 상태로 된 반도체 재료의 표면에 신속하게 흡착되므로 전자 밀도가 변해 비저항이 재빨리 내려간다. 냄새의 농도가 높을수록 이런 반도체 재료에 부착된 기체 분자가 많아지게 되므로 저항이 더 작아진다.

이와 같이 기체 수감기의 저항값 변화에 근거해 냄새의 농도를 측정해 낸다. 전자코는 민감도가 높기 때문에 설사 천만분의 1이란 농도의 냄새가 공기중에 누설될지라도 모두 가려낼 수 있다.

또한 사람의 코는 특정 냄새를 계속 맡으면 반응하지 못하는 피로한계가 있으나, 전자코는 장시간의 작동에도 여전히 오차 없이 민감하게 반응한다.

전자코에는 6~24개의 산화 금속 센서가 부착되어 있어 전자코를 특정 냄새에 학습·기억시켜 그 반응을 여러 용도로 이용할 수 있다. 예를 들어 우유 등 식품이 어떤 온도에서 얼마동안 보관

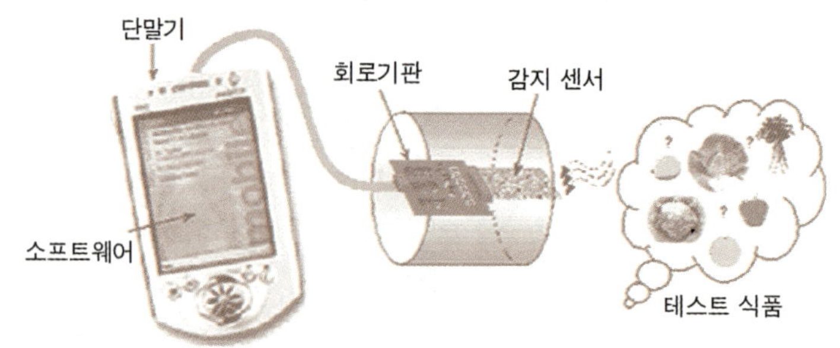

된 것인지 식품의 저장 이력을 알 수 있어 식품 판매대나 지능형 냉장고에서의 활용이 기대된다. 한 약재·농산물에 대한 수입·국내산의 구분, 수입 농산물에 대한 방사선 조사 정도도 알아 낼 수 있다.

의료에서도 입냄새로 바이러스 유무를 알아낸다든지 전자코가 부착된 특수 전화기로 환자의 질병 상태를 의사가 원격으로 알아낼 수 있다. 마약 탐지견을 대신하고, 음주 측정기에 이용될 수 있다. 핵발전소·폭발 현장, 유해, 해독, 가연성 기체의 누설을 막기 위해 만들어진 경보 장치에는 모두 전자코가 이용될 수 있다.

전자코는 미국 일리노이대, 영국·독일 등 유럽에서 개발되었으며, 한국에서는 서울여대 노봉수 연구팀에 의해 활발하게 연구되고 있다.

43

시계 계기판의 <QUARTZ>의 의미 – 수정 시계의 원리

제3장 전기와 자기의 원리가 숨어 있는 물리

수정 시계는 가격이 싸고 시간이 잘 맞고 쓰기 편리하기 때문에 널리 이용되고 있다. 기계 시계의 핵심 구조는 시계 바늘을 통제하는 흔들이추와 톱니바퀴이다. 기계 시계와 비교해 수정 시계가 정확한 시간을 나타내는 원리는 무엇일까?

수정 시계판의 표면에는 보통 'QUARTZ' 란 영문 글씨가 씌어 있는데, 수정이란 뜻이다. 수정 시계를 석영 시계라고도 하는데, 수정은 석영의 일종으로 석영 중 결정형이 분명하고 순수한 것을 수정이라고 한다.

적당하게 자른 수정 조각은 힘을 받아 변형될 때 양쪽에 전압이 생기는데 이것을 압전 효과라고 한다. 수정이 가지고 있는 압전 효과를 이용하여 역학적 진동 신호를 교류 전기 신호로 변환시킨다. 수정 결정체의 진

동 주파수는 결정체의 모양과 기하학적 크기에 관계된다. 만약 일정한 방향으로 수정을 자른다면 그 진동에서 하나의 주파수만 가지게 된다. 이것을 결정체의 고유 진동 주파수라고 한다. 수정 결정체가 고유 진동 주파수로 전자 회로를 통제하면 같은 주파수의 교류 전기장이 생긴다. 작은 전지를 이용해 수정 결정체를 진동시킴으로써 정확한 주파수로 진동하는 전류를 얻어 아날로그 시계의 바늘이나 디지털 시계의 액정 디스플레이를 통제하여 상응한 시간을 지시할 수 있다.

시계의 정확성은 진동 소자의 진동 주파수에 관계된다. 진동 소자의 진동 주파수가 높을수록 단위 시간 내의 오차가 작기 때문에 시계가 더 정확해진다. 수정 시계가 사용하는 수정 결정체의 고유 진동 주파수는 일반적으로 32,768Hz이며, 어떤 것은 더 크다. 하지만 기계 시계의 진동 주파수는 몇 Hz밖에 안 되기 때문에 수정 시계는 기계 시계보다 시간이 더 정확하고 하루의 오차가 0.001초(즉 10억 분의 1의 오차)를 초과하지 않는다.

같은 원리를 적용하여 주파수가 더 큰 세슘원자의 진동(진동수 9,192,631,770Hz)을 이용하여 30만 년에 오차가 1초(10조 분의 1의 오차)도 안 되는 원자 시계도 만들어져 있다. 또한 3000만 년에 1초의 오차(10^{15}분의 1초의 오차)밖에 생기지 않는 정확한 세슘 원자 시계를 개발하기 위해 연구중에 있다.

수정 시계는 1927년 미국의 J.W.호턴과 W.A.매리슨에 의해 개발된 이래 기계 시계를 대체해 왔으며, 원자 시계에 비해 경제적으로 저렴하며, 간편한 이점이 있어 널리 보급되어 있다.

128

44

번개가 형성되는 원리는 아직 밝혀지지 않았다

제3장 전기와 자기의 원리가 숨어 있는 물리

번개와 천둥은 그림자처럼 따라다니며 번개가 있는 곳에는 천둥 소리가 있기 마련이다. 우리가 살고 있는 지구에서는 대개 매초마다 100여 차례 번개가 친다고 한다.

1752년 미국 과학자 B. 프랭클린은 그의 유명한 연띄우기 실험으로 번개는 대기중에서의 방전 현상이라는 것을 증명하였다. 하지만 지금까지도 과학자들은 아직 구름이 어떻게 전기를 띠며, 번개가 어떻게 형성되는지를 완전하게 해석하지 못하고 있다. 우리는 단지 번개와 관련된 일부 답안을 얻었을 뿐이다. 아직 적란운(소나기구름, 쌘비구름)이 어떻게 이처럼 굉장한 전하를 모을 수 있는가를 확실히 밝히지 못하고 있다.

바다, 강, 지상에서 수증기가 증발하면서 상승 기류를 이루게 된다. 이때 공기가 급격히 상승하여 단열팽창을 하며 온도가 내려가면 적란운이 만들어진다. 적란운은 불과 몇 십 분 사이에

10km 이상 높이까지 급상승한다. 이때 적란운 속의 물방울과 얼음 알갱이들이 서로 부딪치면서 작게 부서져 전기를 띠게 된다. 탐측 계기를 장치한 기구를 구름층에 띄워 탐측한 바에 의하면 구름의 윗층은 양전하(+)를 띠고 중간층과 밑층은 음전하(-)를 띠었다. 전하의 이와 같은 분포는 구름 속의 얼음 알갱이와 물방울이 서로 작용한 결과다. 얼음 알갱이는 음전하를 띠고 물방울은 양전하를 띤다. 적란운 속에서 강하게 상승하는 기류가 양전하를 띤 물방울을 구름층의 윗부분까지 실어다 주어 적란운은 윗층이 양전하를 띠고, 밑층이 음전하를 띤 분포 상태가 형성된 것이다.

구름 속에 대량의 전하가 모이면 전기장의 세기가 굉장히 커져 전자가 구름층의 음전하를 띤 부분으로부터 양전하를 띤 부분으로 흐르면서 재빨리 불꽃 방전이 일어난다. 이때 우리는 번개를 보게 된다.

번개는 구름 속에서의 방전, 구름 테두리에서의 방전, 구름과 땅 사이에서의 방전 3가지로 나눈다. 앞의 두 가지를 통칭하여 구름번개라 하고, 세 번째를 벼락(낙뢰)이라고 한다. 벼락은 인류의 활동과 가장 밀접하게 연관되므로 사람들이 많이 연구하고 있다.

벼락은 구름층의 밑부분과 땅 사이에서 일어나는 강한 불꽃 방전이다. 적란운이 지면과 가까워질 때면 땅에서는 구름이 띠고 있는 전하와 반대되는 양전하가 유도되어 생기면서 강한 전기장이 이루어진다. 전기장의 세기가 굉장히 클 때면 공기를 관통하여 한갈래 전리 통로를 찾아내어 본래 전기의 부도체인 공기는

전기의 양도체로 변한다. 구름층 밑부분의 음전하는 전리 통로를 따라 전진하는데 전하는 언제나 공중에서 저항이 제일 작은 길을 찾아 통로를 찾아내므로 음전하는 행진 과정에 방향을 바꿀 수도 있다. 번개 불빛이 구불구불 번쩍이는 원인이 바로 여기에 있다.

음전하가 지면과 10 m 가까운 거리까지 전진했을 때 지면에서 유도된 양전하를 끌어당겨 이미 찾아낸 전리 통로를 따라 구름 끝까지 실어간다. 이때 번쩍 하늘을 가르는 불빛을 볼 수 있는데, 이것이 곧 번개다. 구름층의 음전하와 지면의 양전하가 한 번 오가면서 방전하는 것을 1차 번개라고 한다. 눈에 보이는 번개는 지속 시간이 1초밖에 안 되지만 이 1초 동안에 번개가 여러 번 치며 때로는 10번 이상에 달한다.

번개의 전류는 무려 10만 A(암페어)에 달하며, 번개 통로 내의 공기 온도는 20000℃까지 올라가 공기가 급속히 팽창하면서 거대한 압력 세기가 생긴다. 압력 세기가 전파되면서 우리가 듣는 천둥 소리가 생긴다. 소리의 전파 속도도 대개 300여 m/s이고, 빛의 전파 속도는 그보다 100만 배 더 빠르다. 그러므로 번개 불빛을 본 후 천둥 소리를 들을 때까지의 시간 간격에 근거하여 번개치는 곳이 우리와 얼마만큼 멀리 있는지 그 거리를 계산해 낼 수 있다.

벼락은 보통 지면까지 이르는 가장 가까운 통로를 찾는다. 그러므로 소나기가 퍼붓는 날에는 큰 나무 밑에서 비를 피하지 말아야 한다. 큰 나무는 제일 쉽게 벼락을 맞을 수 있는 목표물이 될 수 있기 때문이다. 집안이나 움푹 패인 지대는 비교적 안전한 곳이다. 또한 늪에서 헤엄치거나 늪 가까이에 가지 말아야 한다. 물은 전기의 양도체이기 때문에 일단 번개에 맞으면 그 결과는 엄청나기 때문이다.

45

바닥에 떨어진 쇠못이나 바늘을 찾을 때 자석을 이용한다

제3장 전기와 자기의 원리가 숨어 있는 물리

바닥에 떨어진 쇠못이나 바늘을 찾을 때 자석을 이용하면 편리하다. 자석이 쇠를 끌어당기기 때문이다. 이는 물질의 분자 구조로부터 설명할 수 있다.

물질은 분자로 이루어졌고 분자는 원자로 이루어졌으며 원자는 원자핵과 전자로 이루어졌다. 전자는 원자 속에서 끊임없이 스핀 운동(자전)하며, 원자핵을 에워싸고 회전한다. 전자의 이 두 가지 운동에 의해서 자성이 생겨난다. 그런데 대다수 물질은 전자 운동의 방향이 제각기 다르고 무질서하여 물질 내부의 자기 효과성이 서로 상쇄되어 없어진다. 따라서 대다수 물질은 보통 자성을 띠지 않는다.

자석은 이와 다르다. 자석은 일반적으로 철, 코발트, 니켈 또는 페라이트와 같은 강유전체 재료로 만든다. 자석의 자성은 주로 전자의 스핀(자전)에서 오는 자기모멘트가 원인이다. 강유전체에서 전자의 스핀(자전)은 작은 범위 내에서 자발적으로 배열된다.

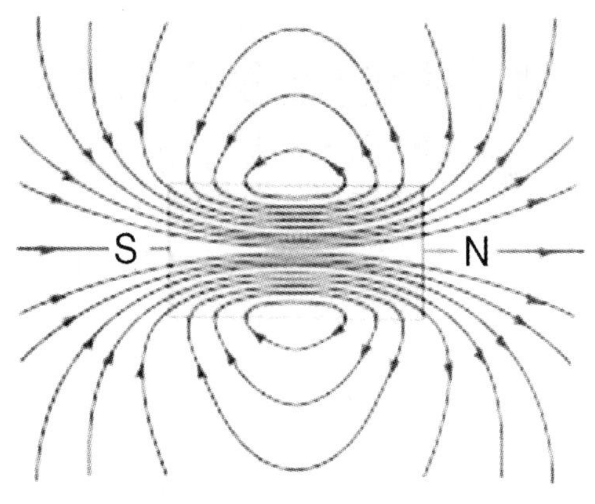

자석 주변에 형성된 자기장

즉 이 작은 범위 내의 각 원자 중의 전자들은 모두 같은 스핀(자전) 방향을 유지하여 한 개의 작은 자발 자화 구역을 형성한다. 이 자발 자화 구역을 자구 또는 자기 구역이라고 부른다. 자기 구역의 크기는 같지 않다. 대체적으로 자기 구역은 약 $10^{-9}\,\mathrm{cm^3}$의 부피를 차지하며 약 10^{15}개의 원자가 들어 있다. 한 개 자기 구역 가운데서 모든 원자의 자성은 방향이 일치하므로 겹쳐 쌓인 결과 자성이 서로 강화되어 한 개 자기 구역이 한 개 '작은 자석'으로 된다. 강유전체는 바로 이러한 '작은 자석'이 대량 모여 이루어졌다.

자화되기 전에 강유전체 재료 내부의 각 자기 구역의 자성 방향은 서로 다르며 그것들은 각자가 제멋대로다. 그 결과 여러 방향의 자기장이 서로 상쇄되어 외계에 대하여 자성을 나타내지 않는다. 그러나 외부에서 자기장을 강화하면 그것들은 모두 자기장의 방향을 따라 배열된다. 이때 우리는 강유전체가 자화되어 자

134

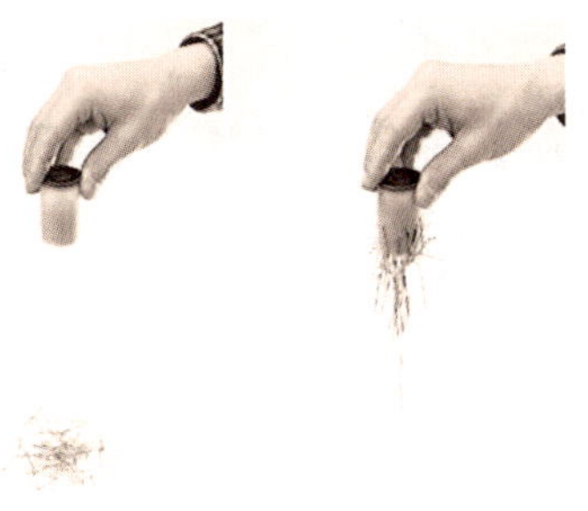

석이 되었다고 한다. 그런데 구리, 알루미늄, 납과 같이 강유전체가 아닌 재료에서 전자는 외부에서 아무리 센 자기장을 가해 주어도 여기저기 마구 흐트러져 있다. 이러한 물질은 자화될 수 없다. 즉 자성을 띠지 못한다.

자석이 쇠를 끌어당길 수 있는 것은 무엇 때문일까? 자성을 띤 자석을 쇠붙이에 가까이 가져갈 때 자석의 자기장은 또 쇠붙이를 자화시켜 자석과 쇠붙이의 서로 다른 극성 사이에 흡인력이 생기면서 쇠붙이는 자석에게 끌리어 '한덩어리'가 되어 버린다. 그러나 구리, 알루미늄, 납과 같은 금속은 자석의 자기장에 자화될 수 없으므로 자성이 생기지 못한다. 따라서 자석은 이런 금속 앞에서는 무기력하다.

우리가 보통 보는 영구 자석은 인공 자석과 천연 자석 두 가지가 있다. 인공 자석은 인위적으로 강자성체 재료를 자기장 속에 놓아 자화시킨 것이다. 외계의 자기장을 거두어 들인 다음에도 강자성체 재료 가운데서 전자는 여전히 '질서 있는 대열'을 짓고 있어 외계에 대하여 매우 큰 자성을 나타낸다. 천연 자석은 자연계에 있는 철광석인데 지구 자기장에 의하여 자화되어 영구히 자성을 띠게 된다.

46

전류의 전파 속도는 전자기파의 속도와 같다

제3장 전기와 자기의 원리가 숨어 있는 물리

전원 스위치를 닫자마자 전구가 켜지는데 이는 마치 전류가 스위치에서 전구까지 흘러가는데 어떤 시간도 들이지 않고 빨리 흘러간 것 같다. 어떻게 전류의 속도는 이렇게 빠를까?

전원 스위치를 닫는 그 순간 전기 회로에는 전기장이 생긴다. 회로에 있는 많은 자유 전자들은 전기장의 작용 하에 한 방향을 향해 이동하면서 전류를 형성하는데 이 전류가 전구에 흐르면서 전구를 밝게 한다. 때문에 전류의 전파 속도는 사실상 전기 회로에서 전기장이 형성되는 속도로 전자기파의 속도와 같아 역시 30만km/s이다.

전류의 전파 속도와 도체 내에서 전자의 운동 속도는 다르다. 전자가 도체 속에서 일정한 방향으로 운동하는 속도는 1mm/s이며, 개미가 기어가는 속도보다도 더 느리다. 전류의 전파 속도는 마치 많은 사람들이 길다란 대열을 지었을 때 지휘자가 '앞으로

갓’ 하고 구령을 부르면 그 소리를 맨 앞뒤 사람들이 동시에 듣는 것과 같다. 구령을 들은 시각이 거의 같다고 하여 대열이 그 시각에 뒤에서 앞까지 움직여 왔다는 것은 아니다.

도체의 어디에나 자유 전자가 있고 이 전자들이 길다란 대열을 지어 섰다고 하자. 전자가 한 방향에 따라 운동하는 속도를 사람들이 대열을 지어 걸어가는 속도로 가정하고 도체 속에서 전기장이 형성되는 속도를 구령의 전파 속도로 가정할 수 있다. 때문에 전원 스위치를 닫으면 도체 속의 전자는 전기장의 지휘에 따라 운동하게 되면서 전류를 생성하고 전구가 밝아진다. 이는 스위치 쪽의 전자가 움직여 전구까지 이동해서 불이 켜진 것이 아니라는 것을 말해 준다.

　라디오나 텔레비전 방송국에서 발사하는 전파는 일종의 전자기파이며 그 전파 속도는 30만㎞/s이다. 전류가 도체 속에서 전파되는 것과 전자기파가 도체에서 전파되는 것과 마찬가지이다. 따라서 전류나 전자기파의 속도는 모두 30만㎞/s이다. 그런데 왜 라디오나 텔레비전 방송국에서 발사하는 전자기파는 공중에서 전파될 때에 아무 물체에도 의존하지 않지만 전류는 닫힌 회로에서만 전파되면서 전류를 생성하고 전구를 밝게 하는가?

　이는 그들의 주파수가 다르기 때문이다. 전자기파가 도체에서 복사되어 나가는 힘은 주파수의 4제곱에 정비례된다. 때문에 방송국에서 사용하고 있는 송신 주파수는 모두 수백 kHz 이상이기에 전자기파가 쉽게 안테나에서 발사되어 나가지만 우리가 쓰고 있는 220V 교류 전기의 주파수는 50Hz밖에 안 되기에 무선 전파의 주파수보다 아주 낮아 송전선에서의 전자기파는 도선에서 벗어나지 못하고 도선을 따라 전파하게 된다.

138

47

라디오 방송국 선택하기

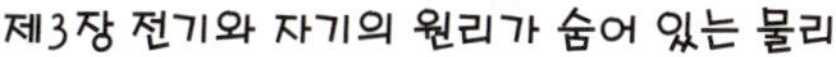

라디오를 켜고 채널 선택 손잡이(튜너)를 돌리면 자기가 듣고 싶은 방송 프로그램을 마음대로 고를 수 있다.

어떻게 작은 선택 손잡이가 이러한 작용을 할 수 있을까?

방송국마다 일정한 주파수로 사전에 준비한 시간과 프로그램에 근거해 공중에 무선 전파를 발송한다. 우리들의 눈으로 보이지 않는 이런 무선 전파가 라디오에 수신되면 라디오 안테나 코일에서 갖가지 서로 다른 주파수를 가진 유도 전류가 형성된다.

채널 선택 손잡이를 돌리면 이것과 연결된 가변 축전기도 회전한다. 가변 축전기와 공진 코일은 서로 연결되어 선택 기구를 이루고 있다. 가변 축전기가 어

느 한 위치에 놓이면 선택 기구는 지침이 가리키는 주파수의 유도 전류만 흘러들어와 전류의 세기가 커지게 하고 기타 주파수의 유도 전류는 들어오지 못한다. 만약 이때 스위치가 이미 열린 상태라면 강화된 전류가 변조기를 거쳐 변조된다. 그리하여 단지 음성 주파수 신호만 라디오의 증폭에 들어가 증폭된 후 확성기에서 소리를 낸다. 따라서 채널 선택 손잡이를 돌려 임의의 방송을 들을 수 있다.

140

48

텔레비전을 볼 때는 텔레비전과 일정한 거리를 두어야 한다

제3장 전기와 자기의 원리가 숨어 있는 물리

텔레비전을 보는 거리는 사람의 눈과 텔레비전 형광막 중심 사이의 거리를 말한다. 이 거리는 텔레비전 형광막의 크기에 따라 결정된다. 일반적으로 형광막 크기(화면의 대각선 길이)의 6 ~ 7배가 적당한데 만약 20 inch 텔레비전이라면 시청 거리가 3m 정도, 30 inch 텔레비전이라면 4 ~ 5m이면 좋다. 텔레비전 형광막에 나타난 영상은 수천만 개의 작은 점으로 이루어졌는데 이런 점들은 고속 전자선이 형광막을 부딪쳐 생긴 것이다. 만약 텔레비전과 너무 가까이 앉으면 이런 점들이 너무 뚜렷하여

영상이 오히려 어렴풋이 보인다.

　다른 하나는 텔레비전 형광막과 거리가 너무 가까우면 형광막에서 나오는 환한 빛이 눈을 자극하므로 시력이 나빠진다. 또한 형광막에서 나오는 X선 복사 등 전자기파를 받아 건강에 나쁘기 때문이다. 수상관의 크기가 클수록 동작 전압이 높아 생성되는 X선도 더 많다. 컬러 텔레비전이나 컴퓨터 등에서 나오는 전자기파가 인체에 유해한 수준은 아니라고 하나.가까운 거리에서 본다든지 등 잘못된 사용이나 장시간 사용은 영향을 줄 수 있다.

　그 외 텔레비전을 볼 때 눈의 높이는 형광막보다 좀 높아야 하는데 일반적으로 화면을 15° 정도 내려다볼 수 있어야 하며, 자세가 나빠지는 것도 예방할 수 있다.

49

2개 채널을 동시에 볼 수 있는 텔레비전

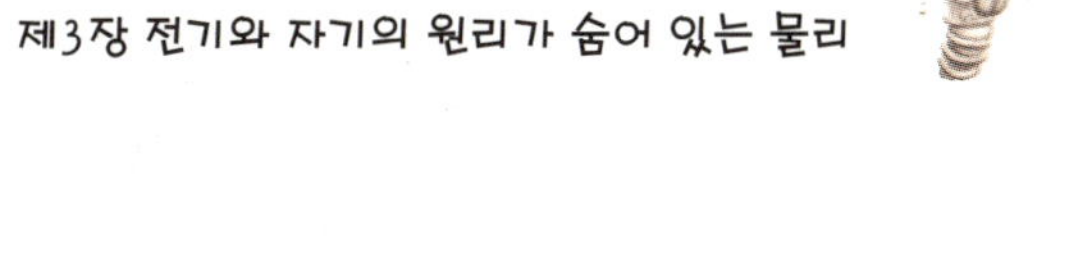

제3장 전기와 자기의 원리가 숨어 있는 물리

종래의 텔레비전은 형광막이 하나뿐이어서 한 개 채널의 프로그램밖에 선택해 볼 수 없었다. 그러나 텔레비전이 대형화되고 기술이 발전하면서 본 화면(주화면)에서 작은 화면(부화면)이 하나 이상 더 나올 수 있는 텔레비전이 빠르게 보급되고 있다.

이런 텔레비전은 두 개의 각자 독립된 신호 수신 시스템을 가지고 있다. 본 화면의 신호 수신 시스템은 일반 텔레비전과 같으나 작은 화면의 신호 수신 시스템은 일반 텔레비전 수신 시스템에 비해 기억 장치가 더 있다. 신호 수신 시스템에서 수신하고 처리된 신호는 주사 시스템을 통해 형광막에 나타난다. 본 화면과 작은 화면이 동시에 화면에서 나타나게 하자면 반드시 그것들의 주사 시간이 일치해야 한다. 그렇지만 작은 화면의 수신 시스템은 수신, 처리한 신호를 기억했다가 수요될 때 다시 꺼내야 하므로 작은 화면 시스템에 기억 장치가 더 필요하다.

작은 화면의 신호 수신 시스템 기억 장치는 여러 개 대규모 집적 회로로 되어 있으므로 마치 물건을 가득 쌓아 놓는 창고와 같다. 만약 화면에서 크고 작은 두 개 화면을 나타내려면 큰 화면의 어느 한 곳의 내용이 자동적으로 지워져 마치 '지붕창'이 열린 듯하게 해야 한다.

텔레비전은 기억 장치에 기억했던 신호를 영상 신호로 변화시켜 공백을 메워 준다. 그리하여 한 화면에 크고 작은 두 개의 화면이 동시에 나타나게 된다. 이 과정은 전문적인 조종 회로로 조종된다. 작은 화면의 입력 동작과 전자선 주사 시간은 시간적으로 엄격히 대응되고 있다. 전자선이 어느 한 상응한 위치를 주사할 때 자동적으로 작은 화면 신호를 기억 장치에서 꺼내어 상응한 위치에 넣고 기타 위치는 큰 화면의 신호를 이어준다. 그리하여 한 화면에서 두 개 채널의 프로그램이 동시에 나타난다. 조종

144

신호가 거의 동시에 일어나므로 전후 차는 백만분의 1초밖에 안 되어 우리의 시각으로는 그것을 느끼기 어렵다. 필요에 따라 큰 화면과 작은 화면의 프로그램을 서로 바꿀 수 있다.

이렇게 주화면에 부화면을 보여주는 기능을 PIP(Picture in Picture)라 한다. 또한 동시에 2개 화면을 같은 크기의 화면으로 보여주는 트윈픽처 기능, 1개 주화면에 3~5개의 부화면(정지화면 · 동작화면 포함)을 보여주는 POP(Picture of Picture) 기능, 1개 주화면에 12개의 부화면을 보여주는 1+12 멀티픽처 기능, 화면 분할 기능(PBP : Picture by Picture) 등 다양한 멀티화면 기능이 개발되어 있다. 또한 1개 채널의 텔레비전을 시청하면서

외부 영상기나 인터넷 화면을 즐기고, 쇼핑도 할 수 있는 텔레비전도 개발되고 있다.

디지털 방송의 시작, LCD TV, PDP TV, 프로젝션 TV 등의 개발로 다양한 방식으로 화면을 보고 이용하는 즐거움은 커질 것이다.

50

광파와 전파 중 더 빠른 것은

제3장 전기와 자기의 원리가 숨어 있는 물리

만약 누가 '광파와 전파 중 더 빠른 것은?' 하고 묻는다면 흔히 광파가 더 빠를 것이라고 생각할 수 있다. 광파란 빛의 파동으로서의 성질을 강조할 때 빛을 일컫는 것으로, 세상에서 속도가 제일 빠른 것이 광파이다. 그 전파 속도는 30만 km/s로써 1초 동안에 지구를 7바퀴 반이나 돌 수 있다.

그럼 전파란 어떤 것인가? 전파는 주파수가 수THz 이하인 전자기파로써 라디오나 텔레비전 방송국에서도 전자기파를 발사하여 다채로운 프로그램을 가정에 보내 주며 사람들은 수만km 밖에서도 생방송을 시청할 수 있게 된다. 휴대폰도 전자기파를 이용하여 소식을 전달한다. 휴대폰으로는 아무리 먼 곳에 있는 사람일지라도 바로 곁에 있듯이 통화할 수 있다. 그렇다면 전자기파도 속도가 아주 빠르지 않을까? 과학자들이 측정한데 따르면 전자기파의 전파 속도 역시 30만 km/s 로써 광파의 속도와 같다.

전파와 광파의 속도가 같은 것은 단순히 우연의 일치일까? 그렇지 않다. 1865년에 영국의 물리학자 맥스웰(Maxwell,James Clerk, 1831~1879)은 맥스웰 방정식(전자기 방정식 또는 맥스웰 - 헤르츠 전자기 방정식)을 이용하여 전자기파와 광파의 속도가 같다는 것을 계산하였으며 또 여기에 근거하여 빛도 일종의 전자기파일 것이라는 예언을 제기하였다(빛의 전자기파설). 누구나 빛은 보았겠지만 라디오나 텔레비전 방송국에서 발사한 전자기파는 보지 못했을 것이다.

보거나 보지 못하는 원인은 주파수가 서로 다른 데 있다. 사람들이 볼 수 있는 전자기파는 주파수가 아주 높은 범위 내에 있는데 즉 파장 범위가 380~770nm 사이의 전자기파만이 사람들의 시각에 들어올 수 있다. 이 전자기파가 곧바로 우리가 볼 수 있는 가시 광선이다. 가시 광선보다 주파수가 더 높은 전자기파로는 차례로 자외선, X선, γ선 등이고 가시 광선보다 주파수가 낮은 전자기파로는 적외선, 마이크로파, 무선 전파 등이다. 이런 전자기파들은 사람들의 시각에 미치지 못하여 눈으로 볼 수 없다.

맥스웰

$$\oint H \cdot dl = I + \varepsilon \frac{d}{dt} \iint E \cdot ds$$
Ampere's Law

$$\oint E \cdot dl = -\mu \frac{d}{dt} \iint H \cdot ds$$
Faraday's Law

$$\varepsilon \oint E \cdot ds = \iiint q_v dv$$
Gauss' Law

$$\mu \oint H \cdot ds = 0$$
The Fourth Equation
맥스웰 방정식

라디오나 텔레비전 방송국에서 발사하는 전파도 전자기파이고 그 주파수 범위 역시 수백 KHz ~ 수만 KHz밖에 안 된다.

광파(빛)와 방송국에서 발사하는 전파는 모두 전자기파이지만 단지 그것들의 주파수 범위가 다를 뿐이며, 또 전자기파의 전파 속도는 주파수와 관계없다. 이는 광파와 전파의 속도가 같다는 것을 말해 준다.

51

레이저 광선의 특성

제3장 전기와 자기의 원리가 숨어 있는 물리

레이저광은 자연광과 달리 물질의 원자 유도 복사에 의해 생성되며, 방향성, 단색성, 간섭성이 좋고 밝음도가 높은 특성이 있다.

방향성이란 빛의 집중 정도를 가리킨다. 탐조등이나 손전등이 비치는 빛은 보기에는 아주 곧게 집중되어 있는 것 같지만 일정한 거리까지 가면 분산된다. 레이저광은 방향이 일치되게 집중된 빛이다. 일정한 에너지를 가진 레이저광은 지구로부터 38만 km 떨어진 달까지 비쳐지지만 자연 광선은 수백 km도 못 가서 분산되어 미약해진다. 1962년에 인류는 처음으로 광량자 발진기로 발사한 레이저광으로 달 표면을 비추어 밝은 반점이 나타나게 하였다.

단색성은 색깔의 단순한

정도를 가리킨다. 같은 단색광이라고 해도 빛의 파장은 서로 다르다. 가시 광선의 파장은 400~760㎚ 범위에 속하는데 여기에는 빨, 주, 노, 초, 파, 남, 보 7가지 단색광이 포함되어 있다. 단색광이라도 일정한 범위 내에서는 서로 다른 파장이 다른 빛을 포함하고 있다. 예를 들면 빨간색 광선은 파장이 622~760㎚ 범위 내의 빛을 포함하였다. 그러나 레이저광의 파장은 정확히 일치하는데 한 레이저광에서 파장의 차는 1억분의 1㎚밖에 안 된다. 예를 들면 헬륨-네온 광량자 발진기가 발사한 붉은 색 레이저광의 파장은 632.8㎚로써 그 단색성은 자연광의 단색성보다 1만배나 더 높다.

레이저광의 밝음도가 높은 것은 거대한 에너지가 고도로 집중되어 복사되기 때문이다. 레이저광은 1만억 분의 1초 사이에 수백조 W의 공률을 얻을 수 있고, 수천만℃ 심지어는 수억℃까지

150

온도를 높일 수 있다. 인공 위성의 제조 과정에서는 레이저광을 떠날 수 없다. 위성의 부분품이나 전지, 계전기 등은 모두 레이저광으로 용접하였다. 만일 센 레이저광을 집중하여 물체에 비추면 각종 물질을 자를 수 있고 금속을 용접할 수 있다. 질이 굳고 융해하기 어려운 재료에 구멍을 뚫을 수 있는데 예를 들면 나일론을 뽑는 분사 구멍이나 로켓 발사기의 연료 분사구, 시계의 다이아몬드베어링 구멍 등이다. 의학에서는 레이저광을 '빛칼'로 하여 피부를 베고 종양을 떼어내며 상한 이에 구멍을 뚫고 치료하거나 심지어는 눈 안의 동공을 거쳐 떨어진 시망막을 각막에 붙여 놓기도 한다.

레이저광은 간섭성이 좋은데 이는 빛의 파장이나 위상, 방향이 일치함을 가리킨다. 만일 우리가 빛을 행진하고 있는 대열로 비교한다면 자연광은 '사람마다 보폭이나 걸음 방향, 발걸음을 떼는 시각이 서로 상관없이 걸어'가는 '광량자 대열'과 같고 레이저광은 '질서 정연하게 발걸음을 맞추면서 한 방향으로 서로 관련성있게 전진'하는 '광량자 대열'과 같다.

레이저광이 이렇게 큰 위력을 가지고 있는 것은 광량자 발진기가 만들어낸 것이 아니라 레이저광이 가지고 있는 특성에 있다. 레이저광의 이런 특성은 서로 상호 연계되지만 개괄하면 '높은 밝음도에 단색성'이 있다는 것이다.

제4장
음파와 광학의 원리가
숨어 있는 물리

52

빈 보온병 입구에 귀를 대면…

제4장 음파와 광학의 원리가 숨어 있는 물리

귀를 빈 보온병, 빈 병 또는 빈 컵 등 용기의 입구에 가까이 대면 '웅' 하는 소리가 들린다. 이는 무엇 때문일까?

이러한 현상을 음향학에서는 공명이라 일컫는다. 공명이란 소리의 진동이 일으키는 공진 현상을 가리킨다. 예를 들어 발성 주파수가 똑같은 두 개의 물체를 가까운 거리에서 서로 맞대어 놓은 다음 그 가운데서 한 개 물체를 발성하게 하면 다른 물체도 뒤따라 소리를 낸다. 이것이 바로 공명에 의해 생긴 효과이다.

빈 용기 속의 공기를 하나의 공기 기둥으로 볼 수 있는데 공기 기둥도 한 개 발성체이다. 용기 입구 주위에 주파수가 알맞은 소리가 있으면 공기 기둥은 공명을 일으켜 그 소리를 크게 높여준다. 과학자들은 파장이 공기 기둥 길이의 4배 또는 4 / 3, 4 / 5 …와 같은 소리가 용기에 전달되기만 하면 곧 공명을 일으킬 수 있다는 물리적 현상을 발견하였다. 보온병 안의 높이가 대략 30

㎝라고 할 때 파장이 120 ㎝ 또는 40 ㎝, 24 ㎝ … 인 소리가 보온병에 전달되면 모두 공명을 일으킬 수 있다.

우리의 주위는 소리로 충만되어 있는 세계이며, 언제 어디서나 각종 파장의 소리가 존재한다. 사람과 짐승의 소리, 바람과 물 흐르는 소리, 기계가 돌아가는 소리, 자동차가 달리는 소리 … 삼라만상이 고요히 잠든 한밤중이라도 먼 곳에서 전해 오는 각종 소리가 있다. 단지 그 소리가 미약하여 우리의 귀로 들을 수 없을 뿐이다.

이 많은 소리 가운데는 언제나 각종 용기의 공명을 일으킬 수 있는 소리가 섞여 있기 마련이다. 미약한 소리이지만 용기 속 공기 기둥의 공명을 일으켜 소리가 크게 증폭되고 높

공명의 원리를 이용한 악기

아질 수 있다. 일반적으로 언제나 여러 가지 파장의 소리가 동시에 공명을 일으키게 된다. 그리하여 귀를 빈 보온병 입구에 가까이 대면 〈웅〉하는 소리를 들을 수 있다. 공기 기둥이 짧으면 공명을 일으키는 소리의 파장도 짧다. 때문에 작은 병에서 울리는 소리는 큰 보온병에서 울리는 소리보다 더 날카롭다.

만약 용기의 어느 부위가 파손되어 흠이 갔을 경우 고유의 공기 기둥의 완전성이 파괴되어 공명의 소리도 변화를 일으키게 된다. 그래서 흔히 빈 보온병에서 울리는 소리를 꼼꼼히 들어보고 부서졌는지를 검사한다. 흔히 소라 껍질에 귀를 대면 바다 소리가 들린다고 하는데, 이것도 이와 같은 원리이다.

53

밤중에 골목길을 걸을 때 들려오는 <뚜벅뚜벅> 발자국 소리

제4장 음파와 광학의 원리가 숨어 있는 물리

밤중에 골목길을 걷노라면 자기 발자국 소리 외에 또 <뚜벅뚜벅> 하는 이상한 소리를 듣게 되는데 마치 누가 뒤를 밟는 것 같아 저도 모르게 가슴이 두근거린다.

그러나 그 속의 과학적 이치를 알게 되면 이러한 무서움을 타지 않을 수 있다. 사람이 길을 걸을 때면 발자국 소리를 내게 된다. 발자국 소리는 골목길 양쪽 집 벽에 부딪쳐 고무공이 튕겨나오듯이 메아리를 형성한다. 대낮에는 메아리가 오고가는 행인들의 몸에 흡수되거나 주변의 떠들썩한 소리에 파묻혀 자기의 발자국 소리만 들릴 뿐이다.

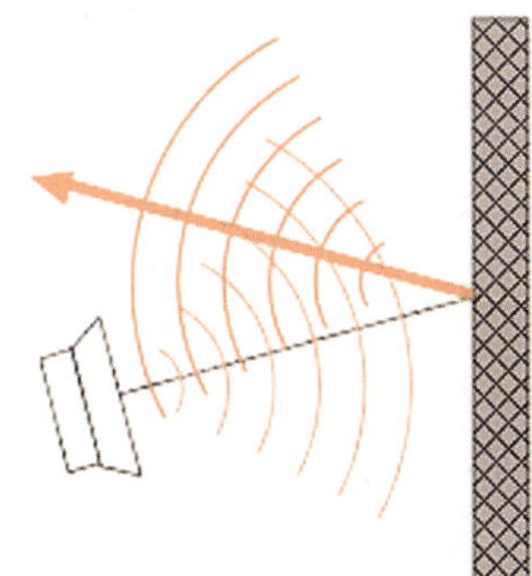

삼라만상이 고요히 잠든 깊은 밤중에는 사정이 달라진다. 밤중에 골

목길을 걸을 때면 자기의 발자국 소리 외에 골목길 양쪽 집 벽에서 반사되어 오는 메아리를 똑똑히 들을 수 있다. 골목길은 비좁은 탓에 발자국 소리의 메아리가 집 벽에 부딪친 후 그 반사 현상이 계속된다. 골목길이 좁을수록 반사되는 횟수도 더 많아진다. 이때 우리는 〈뚜벅뚜벅〉 하는 메아리를 듣게 되는데, 이런 메아리를 진동 메아리라고 부른다.

우리의 일상 생활에서 어떤 현상이나 사물이든지 과학적 이치가 들어 있다. 그런 만큼 평소에 세심하게 관찰하면 우리의 주변에서 더욱 많은 과학 지식을 배울 수 있다.

54

귀를 레일에 대면 멀리서 오는 기차 소리를 들을 수 있다

제4장 음파와 광학의 원리가 숨어 있는 물리

사람들은 흔히 기차가 어디만큼 오는지 알아보려면 흔히 귀를 레일 위에 대고 듣는다. 만약 소리가 들리면 조금 있다가 기차는 플랫폼에 들어선다. 어떻게 레일에 귀를 대면 소리를 더 빨리 들을 수 있을까.

이것은 소리의 전파 속도와 연관된다. 소리는 일정한 속도로 전파된다. 그런데 일상 생활에서, 예를 들어 식구들과 한자리에 앉아 이야기하는 소리나 텔레비전을 시청할 때의 소리는 마치 제자리에서 들리는 듯하다. 이것은 음원(소리를 내는 물체)이 우리와 가까운 곳에 있기 때문이다. 만약 음원이 우리와 멀리 떨어져 있을 경우, 예를 들어 멀리서 해머로 말뚝을 박을 때 나는 소리는 해머가 말뚝을 내리친 후 조금 지나서야 그 소리를 듣게 된다.

소리의 전파는 일정한 속도가 있으나, 경우에 따라 소리가 전파되는 속도가 다르다. 예를 들어 공기 속에서의 소리의 전파 속도는 약 340㎧이고, 물 속에서의 소리의 전파 속도는 1440㎧,

레일에서의 소리의 전파 속도는 약 5000㎧이다. 기차의 시속은 일반적으로 100~200㎞, 다시 말해서 기차의 속도는 60㎧ 이내로써 레일에서의 소리의 전파 속도보다 많이 느린 편이다. 만약 기차가 우리와 5000m 떨어진 곳에서 달려온다고 할 때 기차가 우리 앞까지 오자면 80초 남짓한 시간이 걸린다. 우리가 서 있는 플랫폼에서는 대개 15초 지나서야 기차 소리를 들을 수 있지만 귀를 레일에 대면 1초 안팎에 기차 소리를 들을 수 있다.

또한 소리의 세기는 전파 과정에서 약해진다. 소리가 공기 속에서 전파될 경우, 소리가 사방으로 퍼지므로 소리 세기가 빠르게 약해진다. 기차 소리가 우리 귀에 들렸을 때는 기차는 이미 눈앞까지 접근한 때여서 위험하다. 그러나 레일은 소리를 한 방향으로 몰아 전파시켜 주므로 레일에서는 소리가 서서히 약해진다.

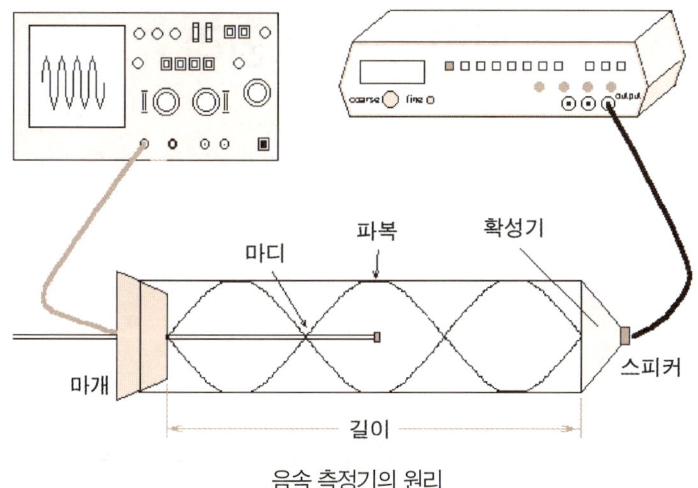

음속 측정기의 원리

귀를 레일에 대고 기차의 울림소리를 들으면 기차가 이제 곧 역에 들어선다는 것을 알 수 있다. 이때는 기차가 아직 멀리 떨어져 있어 안전하다.

그렇다면 왜 기차가 눈에 보이지 않을까? 빛은 소리보다 빨라서 5000m의 거리를 0.000 017초 사이에 전파될 수 있다. 그러나 지평선에 막히거나 안개 속에 잠기거나 구불구불한 레일과 산, 숲, 건물 등에 막히는 경우가 많아 5000m 밖에 있는 기차를 한눈에 볼 수 없다. 그러므로 기차가 어디만큼 오는지 알 수 있는 제일 간단한 방법은 귀를 레일 위에 대고 듣는 것이다.

55

피리 소리의 원리

하모니카, 바이올린, 피아노 등의 악기로 여러 가지 음악을 연주하는 것은 이상할 게 없다. 하모니카에는 리드가 있고, 바이올린에는 현이 있으며, 피아노에는 굵기가 다른 강철선이 있기 때문에 그것들의 진동에 의하여 각종 소리가 울리고 듣기 좋은 음악이 연주된다.

속이 빈 대로 만든 피리에는 몇 개의 구멍이 있을 뿐 그 속에는 아무것도 없는데 어떻게 대피리로 연주를 할 수 있는가?

소리는 물체의 진동에 의하여 생겨난다. 리드, 현 또는 강철선이 진동하면 소리를 낼 수 있다. 같은 이치로 액체와 기체도 심한 진동이 일어날 때 소리를 낸다.

피리는 비록 속이 텅 비어 있지만 그 안에는 보이지 않는 하나의 공기 기둥이 있다. 이 공기 기둥이 외계의 힘을 받아 움직일 때 일정한 진동수에 의하여 진동하면서 소리를 낸다. 공기 기둥이 길수록 진동수가 작아 소리의 음조가 낮으며 공기 기둥이 짧을수록 진동수가 커서 소리의 음조도 더 높아진다. 입술을 피리의 입구에 대고 좁고 납작한 기류를 불어 넣어 피리 안의 공기 기둥을 진동시키면 피리는 곧 소리를 낸다. 만약 피리의 여섯 개 구멍을 모두 막으면 피리 안에 하나의 가장 긴 공기 기둥이 형성되어 소리의 음조가 제일 낮아진다.

만약 피리 입구에서 제일 먼 구멍으로부터 시작하여 차례로 구멍을 하나씩 열어놓으면 공기 기둥도 곧 한 마디 한 마디씩 짧아지므로 소리의 음조 역시 한 소리 한 소리 더 높아진다. 피리를 부는 사람은 악보에 따라 구멍을 열거나 막아 공기 기둥을 짧거나 길게 함으로써 듣기 좋은 곡을 연주한다.

연주자는 또 '고음 취주법'으로 원음에 비하여 한 옥타브 더 높은 소리를 낼 수 있다. 예를 들면 원래 '도'를 짚는 방법을 변화시키지 않고도 고음 취주법으로 한 옥타브 높은 고음의 '도'를 낼 수 있다. 그러므로 피리는 구멍이 몇 개 밖에 없지만 명연주자의 손에서는 여러 가지 심금을 울리는 곡조가 흘러나온다.

56

달려오는 기차의 기적 소리는 높게 들리고 달려가는 기차의 기적 소리는 낮게 들린다

제4장 음파와 광학의 원리가 숨어 있는 물리

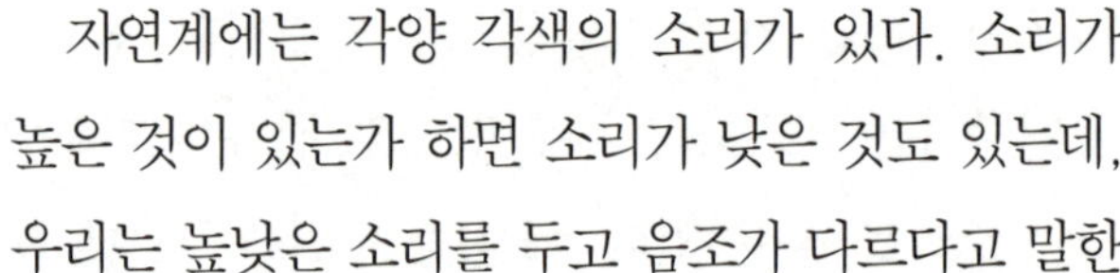

자연계에는 각양 각색의 소리가 있다. 소리가 높은 것이 있는가 하면 소리가 낮은 것도 있는데, 우리는 높낮은 소리를 두고 음조가 다르다고 말한다. 음조가 높은 소리는 진동 주파수가 높다. 예를 들어 호르라기 소리는 음조가 높아 좀 날카롭게 들린다. 음조가 낮은 소리는 진동 주파수가 낮다. 예를 들어 북 치는 소리는 음조가 낮아 좀 나지막하면서 옹골지게 들린다.

기적 소리의 음조는 고정되어 있다. 그런데 주의 깊게 살펴보면 기차가 달려올 때의 기적 소리는 높고, 기차가 떠난 후의 기적 소리는 낮다는 것을 발견할 수 있다. 기차가 달려올 때의 기적 소리의 음조는 높으나 기차가 떠난 후의 기적 소리의 음조는 낮다.

이것은 무엇 때문일까?

음원과 관찰자 사이의 상대적인 운동에 원인이 있다. 기적 소리는 일정한 주파수가 있다. 음파 가운데서의 〈성기고〉, 〈빽빽한〉

164

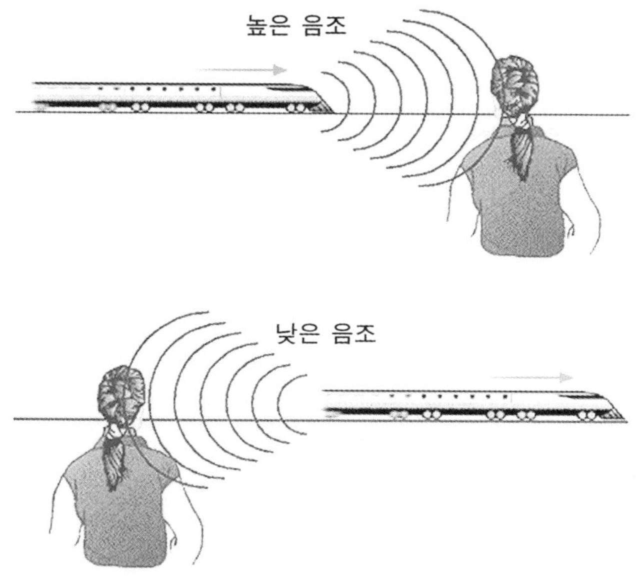

것은 일정한 거리에 따라 배열된다. 그런데 기차가 관찰자를 향해 달려올 때는 공기 중에서의 〈성기고〉, 〈빽빽한〉 음파를 더욱 좁게 압축하여 그 간격을 더욱 가깝게 한다. 그리하여 관찰자에 대하여 말하면 소리의 진동이 빨라져 음조도 높아지고 들리는 소리도 높아진다. 기차가 관찰자로부터 멀어져갈 때는 공기 중에서의 〈성기고〉, 〈빽빽한〉 음파를 잡아당겨 그 간격을 뜨게 하므로 관찰자에 대하여 말하면 소리의 진동이 늦어져 음조도 낮아지고 들리는 소리도 낮게 변한다. 기차의 달리는 속도가 빠를수록 음조의 변화도 크다. 매일 기차와 생활하는 철도 노동자들은 이 방면에서 경험이 많기 때문에 기적 소리의 음조의 변화에서 기차의 속도와 달리는 방향을 알아낸다.

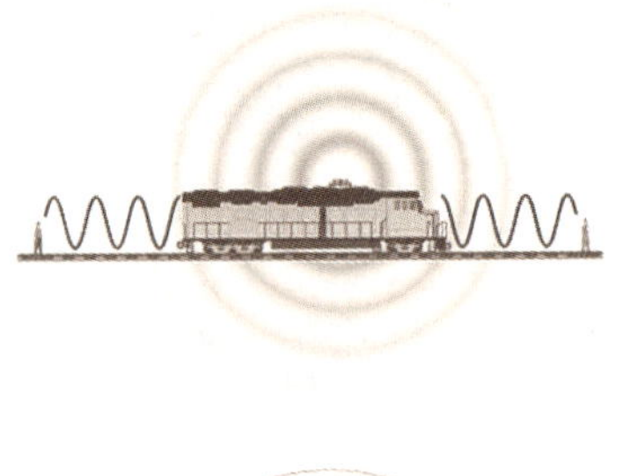

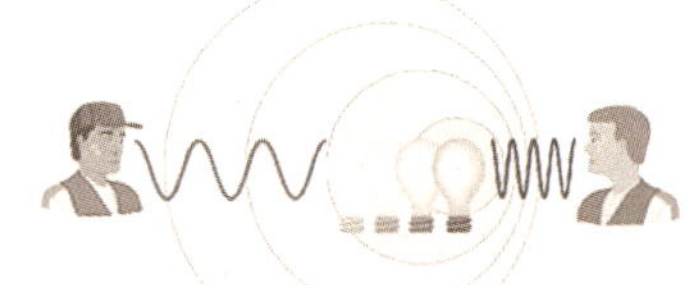

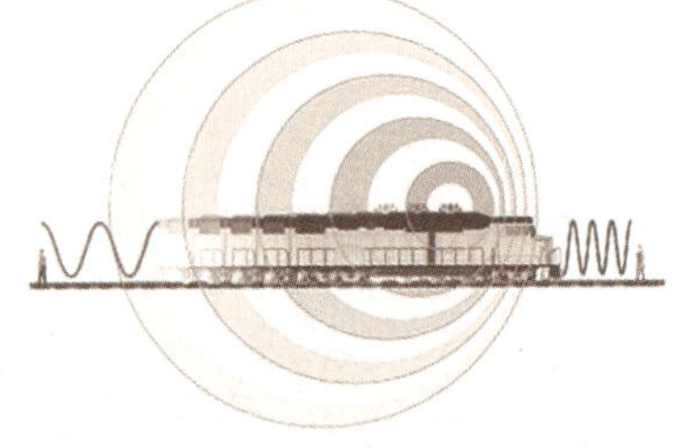

이렇게 파원과 관찰자가 상대적으로 운동할 때 관찰자가 접수하는 주파수와 파원이 내보내는 주파수가 다른 현상을 도플러 효과라고 한다. 기적 소리의 음조 변화는 도플러 효과의 한 가지 실례로 된다.

천문학에서 도플러 효과에 근거하여 지구에 대하여 운동하는 천체의 속도를 정확하게 계산한다. 인공 위성의 운동 속도도 도플러 효과를 이용하여 측정한다. 인체 혈관 속의 피 흐름 속도도 도플러 효과를 이용하여 측정할 수 있다.

57

공기 속에서보다 물 속에서 더 빨리 전파되는 소리

제4장 음파와 광학의 원리가 숨어 있는 물리

소리는 볼 수도 만질 수도 없지만 귀로 소리를 들을 수 있다. 물체가 진동하면 소리가 난다. 물체가 진동하면 물체의 진동이 그 물체와 접해 있는 공기에 전달되어 공기 속의 분자를 진동시킨다. 이 진동하는 공기가 또 그 앞에 있는 공기를 진동시키는데 이렇게 점차 사람의 귀까지 전파되어 귀의 고막을 진동시켜 사람은 소리를 들을 수 있다. 그러므로 공기는 소리를 전파하는 매개체이다. 진공 속에서 소리는 전파되지 못한다. 달에 올라 가까운 거리에서 아무리 옆사람을 부르며 소리쳐도 옆사람은 전혀 듣지 못한다. 달에는 공기가 없기 때문이다.

공기가 소리를 전파할 수 있을 뿐만 아니라 액체, 고체 등 많은 물체들도 모두 소리를 전파할 수 있다. 물은 소리를 전파할 수 있거니와 또 물이 소리를 전파하는 속도는 공기 속에서보다 더 빠르다. 0℃ 때 소리가 공기 속에서 전파되는 속도는 $332\,\mathrm{m/s}$이고 물

속에서 전파되는 속도는 1450 ㎧이다. 어떻게 소리는 공기 속에서보다 물 속에서 더 빨리 전파될까?

소리의 전파 속도는 매질의 성질과 밀접히 연관된다. 소리가 전파되는 과정에 매질 분자는 차례로 자기의 평형 위치 부근에서 진동한다. 이때 어느 한 분자가 평형 위치를 벗어나면 주변의 다른 분자들이 그 분자를 평형 위치로 끌어당긴다. 다시 말해서 평형 위치를 떠나지 못하도록 반항하는 기능을 가지고 있다. 공기와 물은 모두 소리를 전파하는 매질로 반항 기능이 다르며, 반항 기능이 큰 매질은 진동을 전달하는 기능도 크고 소리를 전달하는 속도도 빠르다. 물 분자의 반항 기능은 공기 분자보다 크므로 물 속에서 전파되는 소리의 속도는 공기 속에서보다 더 빠르다. 철 분자의 반항 기능은 물 분자보다 또 더 크므로 강철 매질에서 전파되는 소리의 속도는 더욱 빨라 5000 ㎧에 달한다. 그래서 기차역에서 레일에 귀를 대면 멀리서 오는 기차 소리를 들을 수 있다.

58

초음속 비행기의 비행중 공기중에서 생기는 강력한 충격파

제4장 음파와 광학의 원리가 숨어 있는 물리

초음속 비행기 한 대가 시속 1100 ㎞ 로 60m 상공을 저공 비행을 하고 있었다. 비행기가 한 건물 위를 날아가자 갑자기 이 건물은 폭격을 맞은 것처럼 와르르 무너져 내렸다. 이 사건은 초음속 비행기가 발명된지 얼마 안 되는 1950년대에 발생하였다. 과학자들은 공기 중에서 전파되는 어떠한 파가 이 사고의 원인이었다는 사실을 발견하였다.

쾌속정이 물 위를 달릴 때면 세찬 물결이 일어난다. 마찬가지로 비행기가 공기 중에서 비행할 때도 세찬 공기 물결을 일으켜 공기를 사방으로 퍼져나가게 한다. 이것을 충격파라고 한다. 비행기의 속도가 빠를수록 일어나는 충격파도 더 강하다. 특히 비행기의 속도가 소리의 전파 속도보다도 더 빠를 경우, 비행기 앞의 공기는 순식간에 충격파에 의해 압축되어 이 구역 안의 압력은 급속도로 증가하고 밀도와 온도도 높아진다. 이 구역 안의 공기는 거대한 진동 에너지를 가지고 급속히 사방으로 퍼져나가면

소닉붐(sonic boom)

서 강한 충격파를 일으킨다. 벼락이 치는 듯한 굉음(소닉붐 ; 음속 폭음)과 더불어 발생하는 강렬한 충격파는 중형 폭탄처럼 엄청난 파괴력을 갖는다.

충격파의 세기는 전파 거리가 멀수록 점차 약해지므로 고공 비행하는 초음속 비행기는 지면에 큰 영향을 끼치지 않는다. 하지만 비행기가 저공 또는 초저공에서 초음속 비행을 할 경우에는 사정이 달라져 충격파에 의한 피해를 피하기 어렵다. 파괴력이 약한 경우에는 그저 유리창문이 진동을 받아 깨지거나 굴뚝이 흔들려 무너져 내려앉는 정도지만 파괴력이 심한 경우에는 한 구역의 건축물을 모두 붕괴시킬 수도 있다.

초음속 비행기 외에 공기중에서 고속도 운동을 하는 기타 물체, 즉 채찍을 휘두를 때의 채찍소리, 총구를 금방 빠져나간 탄알과 포탄 등은 모두 에너지 크기가 서로 다른 충격파를 일으킨다.

170

운석 역시 거대한 충격파를 일으키는데, 이로 인해 운석 구덩이
가 생기게 된다. 세계에서 제일 큰 운석 구덩이는 미국의 애리조
나 주 북쪽의 캐니언 다이애블로 근방에서 발견되었다. 고고학자
들의 조사에 의하면 약 2만 년 전에 낙하하였을 것이라고 추측되
는데, 이 구덩이의 지름은 1,280m이고, 깊이가 175m이다. 이
정도 크기의 운석 구덩이가 생기려면 약 6만 톤의 운석이 낙하하
였을 것이라 추측되며, 그 운동 에너지는 대략 30Mt의 수소폭탄
과 같은 위력이라고 볼 수 있다. 채찍의 소리나 탄알이 일으킨 충
격파는 그저 날카로운 소리를 낼 뿐 파괴력은 없다.

미국 애리조나주 운석 구덩이

초음파의 특성과 이용

독일 물리학자·음향학자인 클라드니(E.F.F. Chladni, 1756~1827)는 실험을 거쳐 2만 Hz는 사람의 귀로 들을 수 있는 음파의 상한이라는 것을 발견하였다. 1만 6천 Hz 또는 2만 Hz를 초과하여 사람의 귀로 들을 수 없는 음파를 초음파라 한다.

초음파는 두 가지 중요한 특성이 있다. 하나는 방향성이다. 초음파는 주파수가 높고 파장이 매우 짧기 때문에 파장이 긴 음파처럼 물체를 에돌아 전진하는 것이 아니라 빛처럼 직선 방향으로 전파된다. 초음파는 장애물에 부딪치면 반사되어 돌아오는데 그 반사파를 수신하고 분석하여 장애물의 방향과 장애물이 놓여 있는 거리를 측정한다. 자연계에서 박쥐는 입으로 초음파를 내보내고 귀로 그 반사파를 받아 장애물을 판별한다. 이 때문에 박쥐는 캄캄한 밤에도 자유롭게 날아다니며 먹이를 잡아먹을 수 있다.

초음파의 두 번째 특징은 물 속에서 먼 곳까지 전파될 수 있다

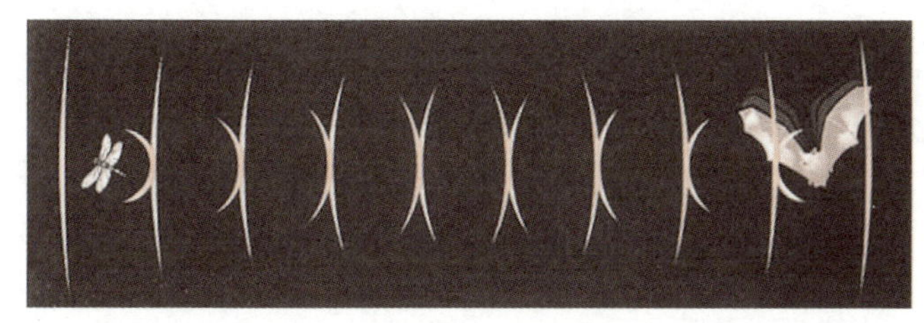

는 것이다. 공기 속에서 3만 Hz의 초음파는 24 ㎞를 전진하면 세기가 절반이나 감쇠되지만 물 속에서는 44 ㎞를 전진해도 세기가 겨우 절반밖에 감쇠되지 않는다. 빛과 기타 전자기파는 물 속에서 멀리 가지 못한다. 따라서 초음파는 물 속의 물체를 탐측하는 탁월한 도구로 선택되었다.

제1차 세계 대전 때에 독일 잠수함은 드넓은 바다를 엄폐물로 수시로 영국과 프랑스의 순양함을 습격하였다. 이 때 프랑스 물리학자 P. 랑주뱅은 수중 초음파 탐지기를 발명하였다. 수중 초음파 탐지기는 초음파 발생기와 수신기 두 개 부분으로 이루어졌다. 발생기가 자동적으로 초음파를 발송하면 수신기가 각종 메아리를 수신하고 측량한 다음 발송 신호와 수신 신호의 시간 차이를 계산하여 각종 목표물을 발견한다. 정밀하게 만든 수중 초음파 탐지기는 목표물의 위치, 모양을 알아낼 뿐만 아니라 심지어 적 잠수함의 많은 성능까지 분석해 낸다.

현대에 수중 초음파 탐지기는 물고기떼의 위치를 탐측하고 암초의 거리를 측정하여 항구에서의 항해 유도 등에 이용된다. 수중 초음파 탐지기는 또 바다 밑의 지형을 고찰하는 데도 이용된다. 수중 초음파 탐지기로 정확하게 〈지형도〉를 그릴 수 있는데

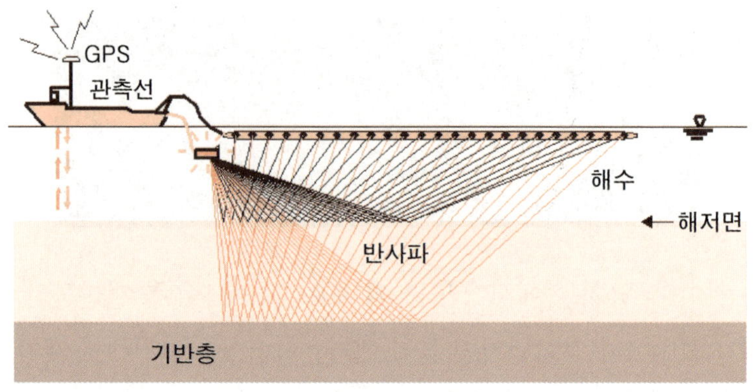

그 오차 범위가 20 ㎝를 초과하지 않는다.

초음파 기술은 현대 의학에도 이용되고 있다. 초음파를 인체 내에 발사하여 생성되는 반사파를 전자 설비를 거쳐 처리하면 형광판에 맑고 뚜렷한 영상이 나타난다. 그리하여 인체 내장의 크기, 위치, 장기 상호간의 관계와 생리적 상황을 분명하게 보여준다. 또한 초음파를 이용하여 임산부 배 안의 태아를 검사하기도 한다.

초음파로 검사, 측정하는 원리는 공업 분야에도 널리 응용되고 있는데 초음파 결함 탐지기를 그 예로 들 수 있다. 즉 초음파를 이용하여 물체의 내부에 있는 흠집을 찾아낸다. 제품 속에 초음파를 발사하면 재료에 금이 간 것을 만났거나 재료 속에 있는 모래알, 기포 등을 만났을 경우에는 비정상인 반사파가 되어 돌아온다. 아무리 작은 흠집이라도 초음파의 탐지를 벗어나지 못한다. 초음파는 기술자들의 밝은 〈눈〉이 되어 한몫을 담당하고 있다.

174

60

초음파를 이용한 정밀 세척

제4장 음파와 광학의 원리가 숨어 있는 물리

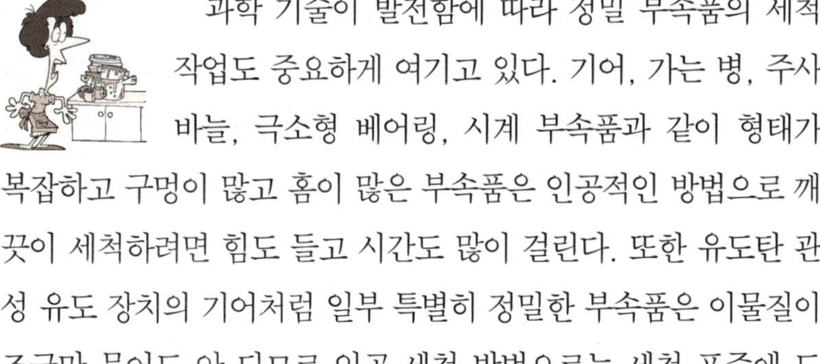

과학 기술이 발전함에 따라 정밀 부속품의 세척 작업도 중요하게 여기고 있다. 기어, 가는 병, 주사 바늘, 극소형 베어링, 시계 부속품과 같이 형태가 복잡하고 구멍이 많고 홈이 많은 부속품은 인공적인 방법으로 깨끗이 세척하려면 힘도 들고 시간도 많이 걸린다. 또한 유도탄 관성 유도 장치의 기어처럼 일부 특별히 정밀한 부속품은 이물질이 조금만 묻어도 안 되므로 인공 세척 방법으로는 세척 표준에 도달하기 어렵다.

이럴 때 초음파를 이용할 수 있다. 세척하려는 부속품을 세척액(비눗물, 휘발유 등)이 담긴 그릇에 넣은 다음 세척액에 초음파를 진동시키면 잠깐 동안에 부속품이 깨끗이 세척된다.

초음파는 어떻게 이런 작용을 할 수 있을까?

세척액은 초음파의 소밀파로서의 작용으로 잠깐 동안은 압력을 받아 압축과 팽창을 반복한다. 세척액은 팽창될 때 〈분쇄〉되어

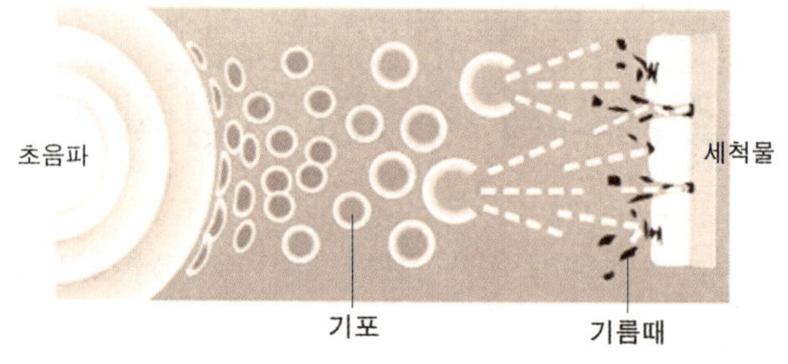

초음파 세척 모형도

작은 기포가 수없이 생겨난다. 이 작은 기포는 순식간에 또 터지면서 세기가 강한 소형 충격파를 생성한다. 이런 현상을 물리학에서 공동현상(cavitation)이라고 일컫는다. 초음파는 주파수가 매우 높기 때문에 작은 기포는 재빨리 생겨났다가는 없어지고 없어졌다가는 생겨나는 과정을 거듭한다. 그것들이 만들어낸 충격파는 수없이 많은 무형의 '작은 솔'이 되어 부지런히 부속품의 이곳 저곳을 샅샅이 닦아준다.

손목시계를 세척할 경우 인공적인 방법으로 세척하려면 시계의 부속품을 하나하나 분해해야 하므로 일하는 능률이 낮고 수지가 맞지 않는다. 초음파를 이용할 경우에는 시계를 분해하지 않고 그대로 세척액에 담그고 초음파를 진동시키면 몇 분 사이에 시계를 말끔히 세척해 준다.

초음파를 이용하면 광학 렌즈, 기계 부속품, 의료 기자재, 전기 진공 제품, 반도체 부품 등 정밀 부속품을 깨끗이 세척할 수 있다.

61

연못 위에 떠 있는 물체는 수면파를 따라 멀어지지 않고 제자리에서 흔들린다

제4장 음파와 광학의 원리가 숨어 있는 물리

흐르는 강물은 물 위에 뜬 물체를 끌고 가지만 늪에서 동심원의 한고리 한고리 전파되어 가는 수면파는 물 위에 떠 있는 물건을 끌고 가지 못한다. 파도가 아무리 세차도 물 위에 떠 있는 작은 나뭇잎도 제자리에서 위아래로 흔들리고만 있을 뿐 파도를 따라 멀어지지 않는다. 이것은 무슨 이치에서일까?

원인은 간단하다. 물은 분자로 구성되었다. 파도가 전달되는 곳에서 매개 물 분자들은 모두 강제 운동을 한다. 그것들은 먼저 위로 올라가면서 동시에 앞으로 운동한다. 물 분자는 일정한 높이까지 올라갔다가 다시 방향을 바꾸어 아래로 내려가면서 뒤로 운동한다. 아래로 일정한 높이까지 내려간 다음 물 분자는 또다시 위로 올라가면서 동시에 앞으로 운동하여 원래의 출발점으로 돌아온다. 물 분자는 이렇게 수직면에서 상하 운동을 하면서 오르내리는 진폭이 점차 감소되다가 나중에는 멈춰선다. 얼핏 보기

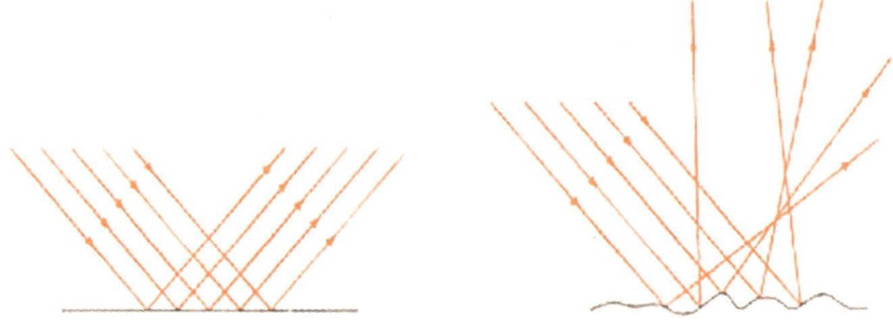

의 겉면은 더욱 평평하지 않아 빛이 한 방향으로 집중하여 반사되지 못하며 윤이 나지 않는다. 구두약을 바르는 이유는 그 속의 작은 알갱이로 구두 표면의 울퉁불퉁한 부분을 메워 반반하게 하는 것 외에 구두약의 침투성을 이용하여 어느 구멍이든 다 메우기 위한 것이다. 이때 천으로 닦으면 구두약이 더욱 균일하게 가죽면에 묻어 표면이 매끄러워지며 따라서 빛도 한 방향으로 반사된다. 이것이 바로 구두가 윤이 나는 현상이다. 때문에 가죽 구두에 구두약을 바른 후 닦으면 닦을수록 윤이 나는 것이다.

실내 천장에는 흰색을, 벽에는 흰색이 아닌 다른 색을

제4장 음파와 광학의 원리가 숨어 있는 물리

집안의 벽체에 어떤 색깔에 무슨 무늬의 벽지를 사용하는가는 미학적 고려도 있겠지만 광선 문제를 고려한 것도 있다.

흰색은 빛을 반사하는 성질이 강하므로 천장을 흰색으로 하면 낮에는 햇빛을 반사하고 밤에는 전등빛을 반사하여 집안이 보다 환하게 된다. 사람들은 하루 종일 천장을 쳐다보는 것이 아니기에 광선이 좀 강하다고 하여도 별로 눈에 영향이 없다.

그러나 왜 방의 네 면을 흰색으로 하지 않는 것이 좋은가? 벽면은 언제나 사람들의 시야에 들어 있어 눈길은 자연히 벽면에 닿게 된다. 만약 네 면을 흰색으로 한다면

빛 반사 비교 실험

어 나오는 빛은 물과 공기의 경계면에서 원래의 직선 전파 방향을 변화시켜 수면에서 일정한 각도로 기울어진다. 우리의 눈이 보는 것은 이미 기울어진 빛이다. 그러나 우리의 눈은 이것을 느끼지 못하고 빛이 직선으로 온 것처럼 느낀다. 때문에 방향이 굴절된 빛으로 형성된 허상을 진짜 물고기라고 생각하게 되며 따라서 물 속에서의 물고기의 위치가 얕아 보이게 된다. 대야의 물이 얕아 보이는 것도 이 원리이다.

빛은 마술사처럼 많은 '재주'를 가지고 있다. 따라서 빛의 여러 가지 성질을 잘 이해해야만 빛의 '속임수'에 빠지지 않는다. 경험이 있는 어부는 작살로 물고기를 잡을 때 눈에 보이는 대로의 물고기를 향해 작살을 던지는 것이 아니라 좀 거리를 멀거나 깊게 겨냥하고 던진다. 물고기를 향해 던진다는 것은 물고기의 허상에 대고 던지는 것과 같기 때문이다. 이 역시 어부들의 오랜 경험에서 왔다.

비 내리는 밤에 가로등 주위에 생기는 채색 광환

제4장 음파와 광학의 원리가 숨어 있는 물리

비가 내리는 밤에는 가로등 등불 주위에 채색 광환이 생기는 것을 볼 수 있다. 이런 채색 광환은 비가 내리는 밤에만 볼 수 있을 뿐 갠 날 밤에는 볼 수 없다.

햇빛이 프리즘을 통과할 때 빛의 분산 현상이 생긴다. 분산된 빛은 빨·주·노·초·파·남·보의 7가지 색을 가진 빛으로 보인다. 손전등의 빛도 이와 비슷한 여러 가지 빛으로 이루어졌다.

비가 오는 날이면 공기 속에는 작은 물방울들이 가로등 주위에 충만해 있으며, 작은 물방울 하나하나는 모두 빛을 분산시킬 수 있는 프리즘과도 같다. 가로등 빛이 헤아릴 수 없이 많은 이 〈프리즘〉을 거쳐 여러 가지 색의 빛으로 분산되어 등불 주위에 채색 광환이 생기게 된다.

가로등 빛이 미세한 얼음 알갱이를 비출 때에도 빛의 분산 현상이 생기게 된다. 때문에 추운 겨울날에 공기 중에 미세한 얼음

데 이는 마치 평행인 2개의 널판지 사이에서 탁구공이 왔다갔다 하면서 튕기는 것과 같다.

햇빛은 빨·주·노·초·파·남·보 7가지 단색광으로 구성 되었다. 햇빛이 기름막의 윗면과 밑면 사이에서 왔다갔다 하면서 반사될 때에 윗면과 밑면 기름막 사이의 거리가 극히 짧기에 윗 면이나 밑면에서 반사된 빛이 중첩되기도 한다. 이로 하여 햇빛 속의 7가지 단색광은 기름막의 두께에 따라 빛 세기가 세지거나 약해지기도 하고 소실되기까지 한다. 때문에 이 곳은 붉은데 저 곳은 푸르기도 하고 다른 곳은 여러 색을 띠기도 하면서 기름막 이 알록달록한 색을 띤다. 이런 색을 '박막의 간섭색'이라고 하고 이런 현상을 '빛의 간섭'이라고 한다.

기름막 이외에도 투명한 박막에 빛이 비칠 때는 다 이러한 빛 의 간섭 현상이 나타난다. 예를 들면 비눗물 막, 잠자리나 파리의 날개, CD판 등도 햇빛 아래에서는 색깔이 알록달록하게 보이는 데 이것도 모두 빛의 간섭 현상으로 인하여 나타난 것이다.

188

위험 신호는 항상 붉은 빛으로

제4장 음파와 광학의 원리가 숨어 있는 물리

자동차의 정지 신호등은 붉은 색이다. 도로를 보수할 때 저녁이면 보수 지점에 붉은 등을 켜놓는다. 영화관이나 철탑 꼭대기에도 모두 붉은 등을 켜놓고 표시한다.

왜 붉은 등을 켜놓을까? 여기에는 중요한 과학적 원리가 들어 있다.

백색광에는 빨·주·노·초·파·남·보 7가지 단색광이 포함되어 있고 단색광마다 파장이 서로 다르다. 그 중에서 빨강은 파장이 제일 길어 먼지·안개 등 미세한 알갱이를 뚫고 지나가는 데 반해 보라는 파장이 제일 짧아 비교적 멀리까지 가지 못한다. 빛이 미세한 알갱이에 비칠 때는 빛의 분산 현상이 나타나면서

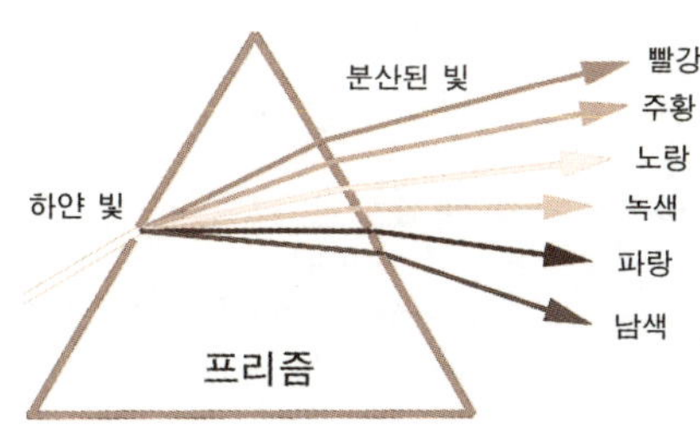

다. 그러나 다른 광선과 마찬가지로 광선의 특징을 가지고 있다. 자연계에 존재하고 있는 각종 물체는 열역학적 0도(절대온도) 즉 -273.15℃ 이상에 있으면 적외선을 내보낸다. 적외선 야간 관측기의 적외선 변상관은 적외선을 흡수한 후 광전 전환과 확대 과정을 거치면 물체가 똑똑히 나타난다. 이것은 일종의 피동형 적외선 야간 관측기로써 다만 물체 자체에서 적외선을 내보낼 때에야만 비로소 어둠 속의 물체를 볼 수 있다.

그 외 주동형 적외선 야간 관측기가 있는데 이런 야간 관측기는 적외선을 발사하고 다시 물체에서 반사되는 적외선을 접수하므로 물체가 똑똑히 보인다.

망원경으로 먼 우주의 별을 관찰하기

제4장 음파와 광학의 원리가 숨어 있는 물리

망원경은 먼 곳의 물체를 관찰할 수 있는 일종의 광학계기로써 누가 제일 먼저 발명하였는가에 대해서는 여러 가지 설이 있다. 그 중에서 네덜란드의 미델뷔르흐의 안경 상인 리페르세이(Hans Lippershey, 1570~1619)라는 설이 높다.

1608년 리페르세이는 우연히 볼록 렌즈와 오목 렌즈를 겹쳐 풍경을 보다가 두 렌즈 사이의 거리가 일정할 때 교회 첨탑이 크고 선명하게 보이는 것을 발견하고 두 렌즈를 통 속에 고정시켰다. 리페르세이는 그 해 10월 특허를 신청하는 동시에 다른 한편으로는 시장을 개척하였다.

그가 만들어낸 멀리 보이는 것이라는 의미의 〈망원경(telescope)〉이라는 말은 한때 유럽의 여러 나라에서 유행하였다.

1609년 5월 베니스 파도바 대학에서 교편을 잡고 있던 갈릴레이(Galileo Galilei, 1564~1630)는 이 소식을 듣고 여러 가지 크

갈릴레이 망원경

고 작은 유리 렌즈를 구입해 연구를 시작하였다. 그 해 8월 갈릴레이는 물체의 영상을 30배나 가까이하여 볼 수 있는, 즉 물체의 영상을 천 배나 확대하여 볼 수 있는 망원경을 만들었다.

이 망원경으로 달 표면에 요철이 있다는 사실을 알아냈으며, 목성의 4개 위성을 발견하였고, 더욱이 은하가 무수한 별 무리로 이루어졌다는 것도 알게 되었다. 망원경의 발명은 갈릴레이에게 큰 영예를 가져다 주었을 뿐만 아니라 불행도 가져다 주었다. 지나친 관찰로 갈릴레이는 후에 실명하였고 관찰 기록을 토대로 펼쳐 낸 저서는 교회를 격노시켜 갈릴레이는 감금 생활까지 하게 되었다.

갈릴레이식 망원경은 볼록 렌즈(대물 렌즈)와 오목 렌즈(대안 렌즈)를 각각 한 조씩 이용했는데 시야가 비교적 좁은 결점이 있었다. 친구인 천문학자 케플러(Johannes Kepler, 1571~1630)는 갈릴레이식 망원경을 한층 더 발전시켰다.

케플러식 망원경의 구조는 현미경의 구조와 비슷하게 두 조의 볼록 렌즈 ― 대물 렌즈와 대안 렌즈로 이루어졌다. 다른 점이라면 대물 렌즈는 지름이 크고 초점 거리가 길고 대안 렌즈는 지름이 작고 초점 거리가 짧은 것뿐이다. 이런 망원경을 굴절 망원경이라고 한다. 먼 곳에 있는 물체의 빛이 망원경에 입사할 때 대물 렌즈를 거쳐 거꾸로 선 축소된 실상을 이루는데 이는 물체를 영

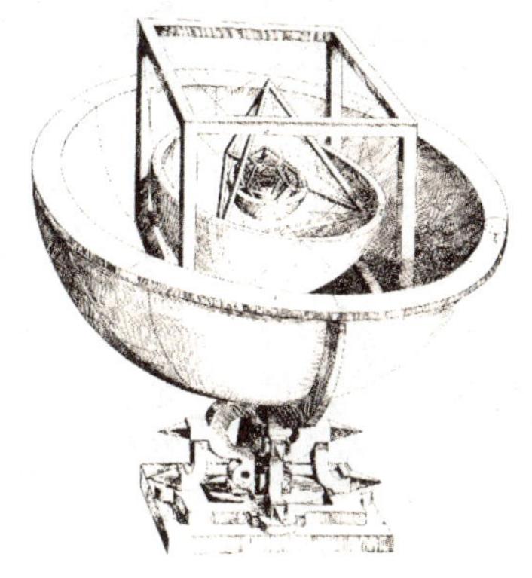

케플러 망원경

뉴턴 망원경

상이 이루어진 곳까지 옮겨 온 것과도 같다. 이 실상은 대안 렌즈 앞 초점 내에 있기에 대안 렌즈로 보면 마치 확대경으로 물체를 보는 것처럼 크게 확대된 허상을 보게 된다. 이렇게 망원경으로는 먼 곳에 있는 물체를 가까이 있는 것처럼 볼 수 있다.

영국 과학자 뉴턴(Isaac Newton, 1642~1727)은 새로운 방식을 개척해 반사 망원경을 발명하였다. 이 반사 망원경은 오목 거울을 대물 렌즈로 하고 오목 거울을 거쳐 반사된 빛이 다시 평면 거울을 통해 방향을 바꾸어 크게 만들 수 있기에 보다 많은 빛이 모이면서 영상이 보다 선명하고 밝게 보인다. 때문에 반사 망원경은 천문 관찰에 널리 쓰이고

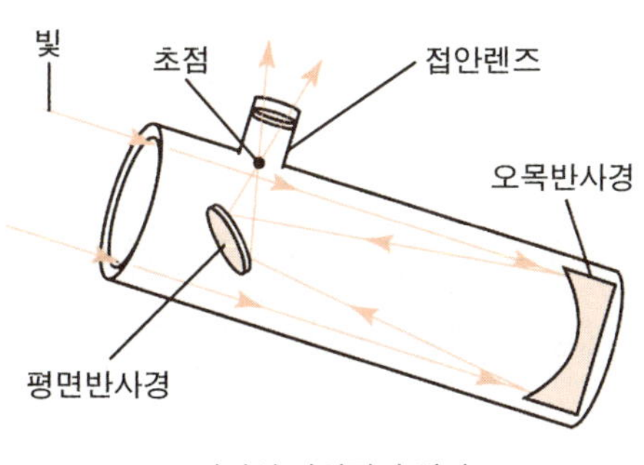

반사식 망원경의 원리

팔로마산 천문대

있다. 미국 캘리포니아 주의 팔로마산 천문대의 헤일 망원경은 구경이 5.08m나 되고 대물 렌즈는 20t에 달하는 특제 유리를 7년 동안 갈아서 만들었다고 한다. 이 망원경으로는 2.5만 ㎞ 밖의 촛불도 볼 수 있다고 한다. 러시아 카프카스에 있는 러시아 과학 아카데미 소속 특수 천체 관측소에 세계적으로 제일 큰 천체 망원경에 속하는 것(1974년~1993년까지 세계 최대)은 그 구경이 6m도 넘어 100억 광년 밖의 은하계 외성운까지 관찰할 수 있다고 한다.

또한 2대 이상의 천체 망원경을 결합시킨 간섭계, 인공위성에 탑재하는 우주 망원경 등이 있다. 은하계에서 오는 긴 파장의 전자기파를 모아 이것을 증폭하고 컴퓨터를 이용해 분석하는 전파 망원경도 있다. 2002년에는 허블 우주 망원경보다 3000배 작은 천체를 관측할 수 있는 전파 망원경도 등장하였다.

확대경으로 물체의 영상을 확대하기

확대경은 일종의 간단한 광학계기로써 책을 읽거나 신문을 볼 때 작은 글자를 확대하여 선명하게 보이게 한다. 확대경은 투명도가 좋은 물질(예를 들면 유리)을 갈아서 만드는데 중간이 두껍고 둘레가 얇은 볼록 렌즈로 되어 있다. 볼록 렌즈는 양면이 다 구면이거나 또는 한 면만 구면이다.

확대경의 렌즈를 햇빛과 마주 향하게 놓으면 렌즈를 지난 빛은 한 점에 모이게 되는데 이 점이 초점이다. 만약 성냥개비를 이 초점에 놓으면 얼마 안 지나 불이 붙게 된다. 초점에서 렌즈 중심까지의 거리를 초점 거리라고 한다.

만약 한 물체를 확대경의 초점 거리 내에 놓으면 볼록 렌즈의 집광 성능 덕분에 관찰자는 물체의

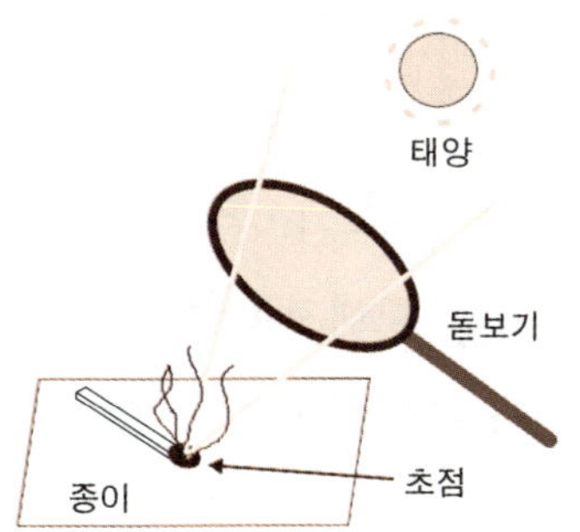

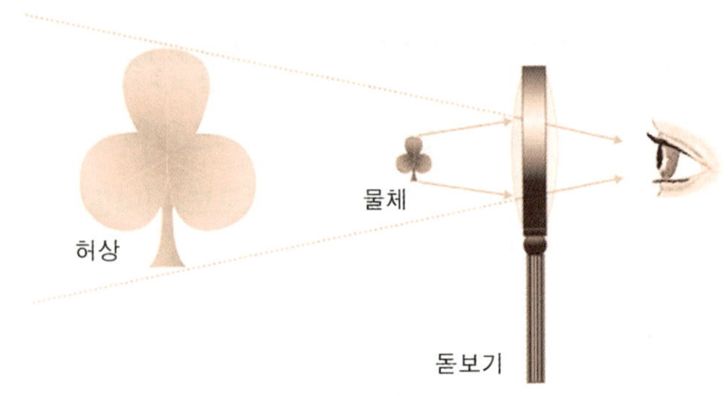

거리보다 먼 곳에서 허상을 보게 된다. 이렇게 해서 원래 선명하게 보이지 않던 미세한 부분이 확대경의 작용으로 인해 더 선명하게 보인다.

광학에서 말하는 확대경의 배율은 '시각'의 각도를 말한 것이다. 만약 라디안으로 시각을 표시한다면 그것의 크기는 물체의 길이와 물체에서 눈까지 거리의 비와 같다. 시각이 1′(라디안 ; 눈이 34m 밖의 1㎝ 되는 물체를 보는 시각)보다 작다면 눈은 물체의 미세한 부위를 분별해내지 못한다. 주위 환경의 광선이 좋지 못할 경우에는 시각이 심지어 1°까지 커져야 한다.

확대경의 역할은 시각의 증대를 거쳐 물체의 영상을 확대하는 것이다. 확대경의 배율은 명시 거리를 초점거리로 나눈 것과 같다. 확대경으로 물체를 볼 때에는 물체를 초점 거리 안에 놓아야 한다. 초점 거리는 보통 1.0 ~ 10㎝이고 명시 거리는 25㎝이다. 때문에 확대경의 배율은 보통 2.5 ~ 25배 사이이다.

노인용 돋보기도 일종의 볼록 렌즈이다. 물체가 반사한 빛은 수정체의 굴절 작용을 거쳐야만 눈 뒤 벽의 시망막에 모여 선명

198

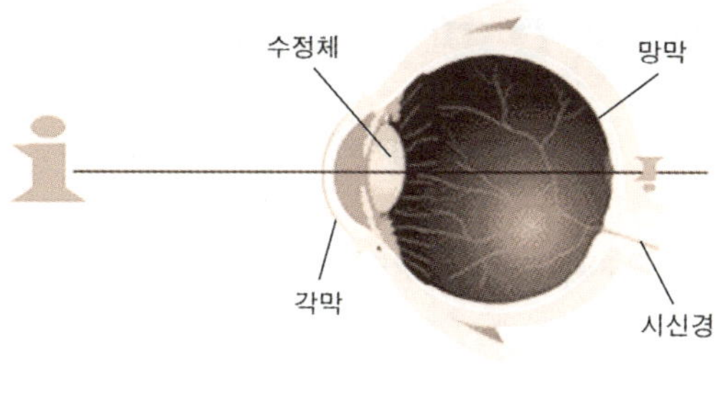

노안

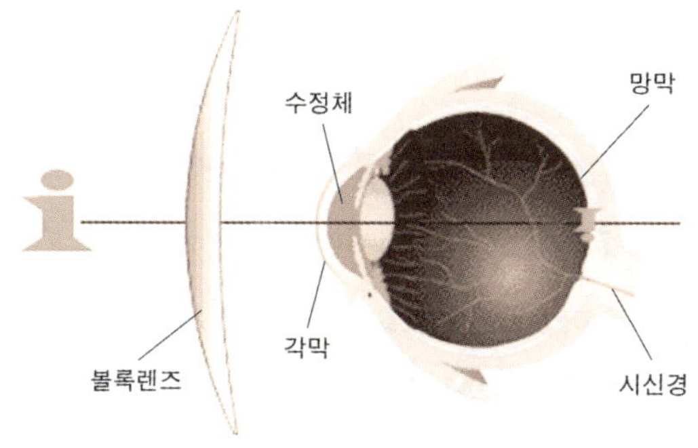

노안의 교정

하게 보이게 된다. 비교적 먼 곳의 물체를 볼 때에는 눈이 느슨한 상태에 있으면서 시망막에 선명한 영상을 형성한다. 그러나 가까운 곳의 물체를 볼 때에는 근육의 힘으로 수정체의 곡률을 크게 한다. 노인들은 수정체가 굳어져 눈의 조절 능력이 쇠퇴되었기에 빛을 시망막의 뒷면에 모이게 하지 못하므로 눈앞에 볼록 렌즈를 놓아서 빛이 더 많이 모여 시망막을 비추어 물체가 잘 보이게 한다.

현미경으로 미세한 물체를 관찰하기

생물 실험을 할 때면 우리들은 흔히 현미경으로 세균이나 세포 등 미세한 생물 견본을 관찰하게 된다. 왜 육안으로는 분별하지 못하는 미세한 물체가 현미경 아래에서는 원형이 다 보이게 될까?

먼저 현미경의 구조부터 살펴 보자. 현미경은 두 조의 볼록 렌즈로 구성되었는데 물체에 가까운 쪽의 렌즈를 대물 렌즈, 눈에 가까운 쪽의 렌즈를 대안 렌즈라고 한다. 물체를 대안 렌즈의 초점 가까이에 놓되 또 그것이 초점 밖이라면 물체는 대물 렌즈를 통해 확대된 실상을 형성한다. 이 실상이 대안 렌즈의 초점 안에 있으므로 대안 렌즈를 통해 확대되어 눈으로 볼 수 있는 허상이 만들어진다. 육안으로는 보지 못하던 물체가 대물 렌즈와

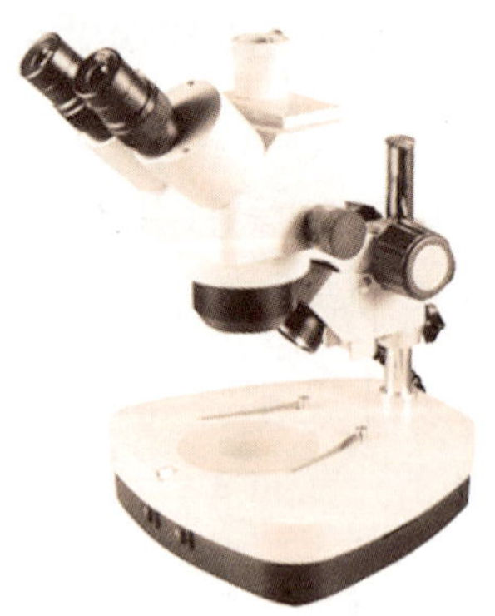

200

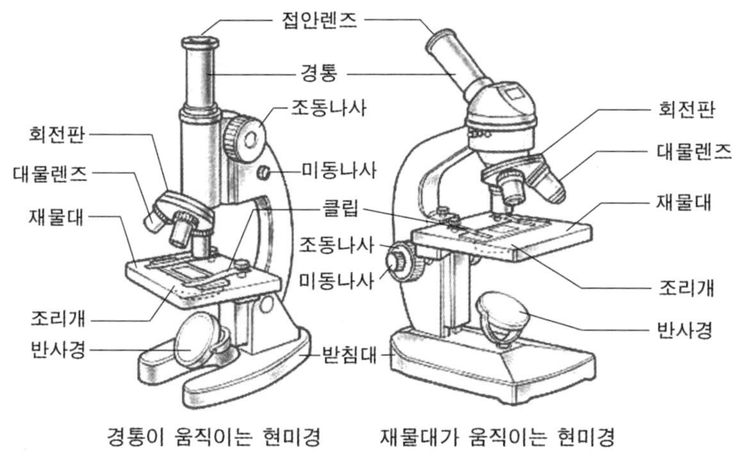

현미경의 구조

대안 렌즈의 두 차례 확대를 거친 후 세세한 것들이 크고 선명하게 보이게 된다.

　현미경의 배율은 대물 렌즈와 대안 렌즈 각자의 배율의 곱과 같다. 현미경의 대물 렌즈와 대안 렌즈에 각각 〈10×〉, 〈20×〉이란 글자가 있는데 이는 이 숫자의 곱으로 현미경의 배율을 알려준다. 광학 현미경으로는 물체를 2500배 안팎밖에 확대하여 볼 수 없다. 배율을 한층 높인 전자현미경도 있다. 전자 현미경은 심지어 미세한 원자 세계까지 관찰할 수 있다.

레이저로 CD 듣기

CD플레이어보다 한 세대 이전의 레코드 플레이어를 생각해 보자. 레코드 플레이어는 전동기, 증폭기, 스피커로 구성된 앰프 부분과 턴테이블, 레코드 바늘, 카트리지, 톤암 등의 소리 재생기로 구성되어 있다. 음악을 들을 때 레코드판을 턴테이블 위에 놓은 후 스위치를 닫으면 턴테이블이 등속 회전한다. 그 위에 레코드 바늘을 올려 놓으면 스피커에서 음악이 울려나온다. 레코드판을 보면 소리를 기록한 선들이 축을 중심으로 많이 나 있다. 레코드 바늘을 레코드판에 난 이런 선에 놓으면 진동이 생긴다. 이런 진동이 카트리지에서 전기 신호로 변해 증폭기에서 증폭된 후 레코드판에 기록된 소리가 스피커에서 울린다.

CD플레이어로 CD를 들을 수 있는 원리는 레코드 플레이어와 비슷하다. 그러나 이 때 이용되는 CD와 소리 재생기는 완전히 다르다. 보통 레코드판의 선들은 굵어 기록되는 음악도 매우 적다.

그러나 CD를 만들 때 레이저 광선이 CD에 비추는 점은 1㎛도 안 되며 동시에 소리 등 신호를 디지털화하여 금속 박막에 0이나 1을 대표하

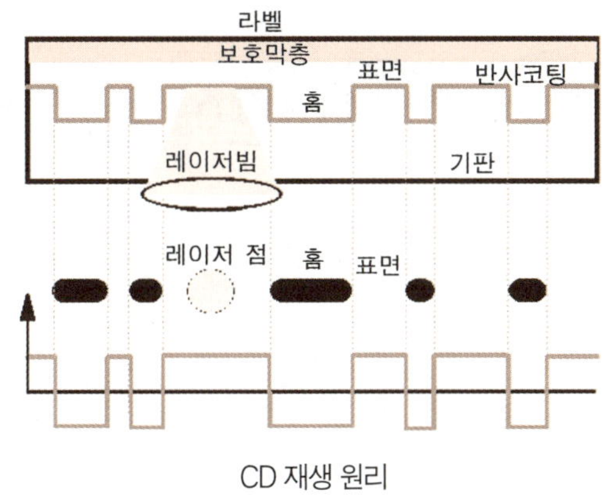

CD 재생 원리

는 수백만 개의 점을 찍어내며 나선을 그린다. 이런 선은 굵기가 0.4㎛밖에 안 되고 홈의 깊이는 1㎛ 안팎이며 선과 선 사이 간격은 1.7㎛로써 대략 머리카락의 1/40이다. CD의 지름은 약 12㎝인데, 선의 총길이는 수 ㎞에 이르는 것도 있다. 이렇게 만든 CD는 겉보기에는 선이나 다른 흔적을 찾아볼 수 없고 단지 표면이 반질반질 윤이 날 뿐이다.

CD에는 레코드 바늘만한 면적에도 수천 개의 점이 있으므로 레코드 바늘로 이것을 가려내기 어렵다. 그래서 반드시 레이저를 써야 한다. 거울과 렌즈로 구성된 레이저 장치가 디스크 아래쪽 선에 레이저 광선을 쏜다. 레이저 광선이 CD에 비추면 점이 있는 곳과 없는 곳의 반사하는 빛이 다르다. 그리하여 CD가 회전할 때 반사되는 빛의 변화가 광전관에서 0과 1로 구성된 디지털형 전기 신호로 된다. 이것이 다시 검파, 증폭되면 원래의 소리 신호로 되어 음향 설비에서 아름다운 음악이 흘러나오게 된다.

73

자기 테이프에 녹음, 녹화하기

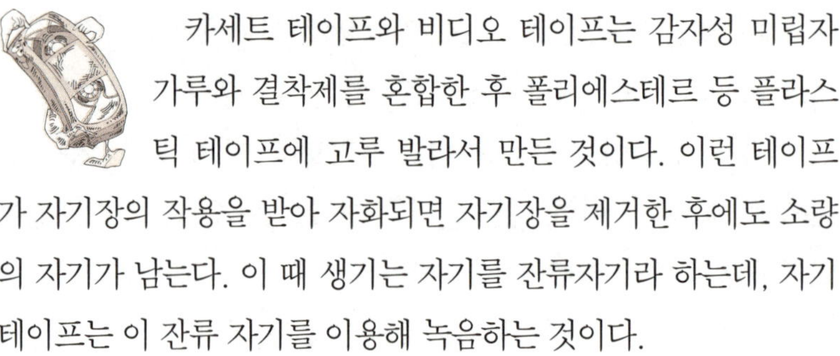

카세트 테이프와 비디오 테이프는 감자성 미립자 가루와 결착제를 혼합한 후 폴리에스테르 등 플라스틱 테이프에 고루 발라서 만든 것이다. 이런 테이프가 자기장의 작용을 받아 자화되면 자기장을 제거한 후에도 소량의 자기가 남는다. 이 때 생기는 자기를 잔류자기라 하는데, 자기 테이프는 이 잔류 자기를 이용해 녹음하는 것이다.

잔류 자기는 자기장의 세기에 따라 변한다. 자기 테이프로 녹음하거나 녹화할 때 소리와 영상은 마이크와 촬영기를 통해 먼저 전기 신호로 변화되고 이 신호가 다시 녹음기나 녹화기의 자기 헤드(기록 헤드)를 통해 자기장의 세기를 변화시킨다.

자기 헤드는 자기 테이프에 접촉되는 특수하게 만든 링 모양의 전자석인데, 녹음 · 촬영된 전기 신호를 자기 테이프에 자기 신호로 기록하는 기록 헤드, 기록된 자기 신호를 전기 신호로 바꾸는 재생 헤드, 자기 신호를 소거하는 소거 헤드가 있다. 이 자기 헤

드의 끝에는 매우 좁은 자극 간극이 있다. 자기 테이프가 이 간극을 지날 때 신호 전류가 자기 헤드 코일에 흘러 형성된 자기장에 의해 자기 테이프가 자화된다.

그리하여 전기 신호의 변화에 의해 형성된 자기장의 변화가 자기 테이프에 기록된다. 이것이 재생될 때는 자기 헤드(재생 헤드)에 의해 자기 테이프에 기록된 자기장의 세기 변화가 전기 신호로 바뀐다. 그런 후 다시 증폭기(앰프, 앰플리파이어)에서 증폭되

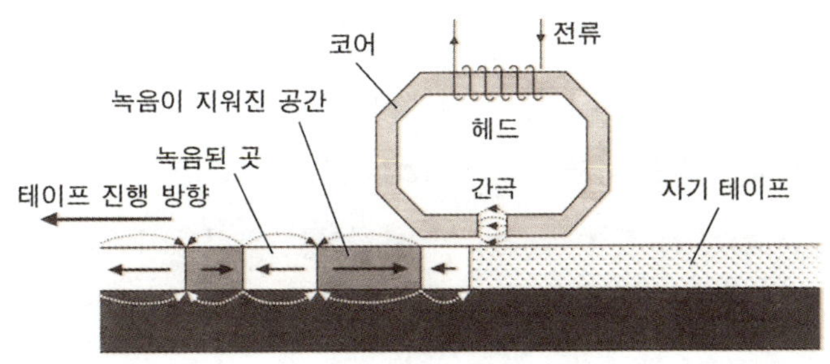

자기 테이프의 원리

폴센의 텔레그래폰(telegraphone)　　　　스코트의 소리 기록 장치

는 등 일련이 과정을 거치면 스피커나 화면에서 소리와 원래의 영상이 나온다.

한편 자기 테이프의 특징 중 하나는 소거용 자기 헤드(소거헤드)가 테이프 위의 자기 신호를 소거함으로써 동일한 자기 테이프에 여러 번 녹음·녹화할 수 있다는 것이다.

자기 테이프는 1898년 덴마크의 폴센(Valdemar Poulsen, 1869~1938)이 발명하였다. 1857년 프랑스의 스코트(Edouard Leon Scott, 1817~1879)가 발명한 유연 바른 종이가 감겨진 원통과 진동판의 뻣뻣한 털을 접촉시키는 소리 기록 장치, 1877년 에디슨(Thomas Alva Edison, 1847~1931)이 발명한 포노그래프(주석박을 감은 원통에 진동판에 붙인 바늘로 소리의 파형을 기록하고 재생하는 장치) 등의 기계적 녹음 방식과는 달리 폴센의 것은 자기를 이용한 점이 특징이다.

처음에는 지름 0.2~0.3㎜의 탄소 강선으로 만들어졌는데, 녹음 시간도 짧았고, 항자력도 약했다. 이후 종이나 플라스틱 테이프가 발명되었으며, 1950년대 미국 뒤퐁사는 폴리에스테르 테이

에디슨의 포노그래프

프를 개발하여 테이프를 소형화하고 얇게 하는 데 성공함으로써 기억용량도 커지고 장기 보관도 유리하게 되었다.

현재 사용되고 있는 비디오 테이프는 마일러 테이프에 산화철을 자성체로 도포한 것인데, 그 두께는 35㎛ 이하이다. 테이프 폭도 캠코더 용은 8㎜ 또는 6㎜로 소형화하고 있다.

1990년대 이후 소리·영상 신호를 디지털화해 압축하여 기록하는 CD(compact disc), DVD(digital versatile disc) 등이 대세를 이루고 있다.

74

컬러텔레비전은 빨강·녹색·파랑 세가지 색으로만 영상을 이룬다

제4장 음파와 광학의 원리가 숨어 있는 물리

사람들은 빨강(R)·녹색(G)·파랑(B) 3가지 색을 원색으로 하여 빛의 삼원색 원리를 얻었다. 그 기본 내용은 이러하다. 자연계의 모든 색은 빨강·녹색·파랑 이 세 가지 원색을 일정한 비례로 혼합해 얻는다. 이 세 가지 색은 완전히 독립된 것으로써 그 중 어느 색도 기타 다른 원색을 섞어서 얻을 수 없다. 3가지 원색을 섞는 비례에 따라 혼합색의 색 농도·색상 등이 결정된다.

삼원색의 가법 혼합 원리에 근거하면 자연계의 천차 만별의 각종 색을 전송하고 재현시키자면 다만 이 세 가지 원색으로 분해하고 혼합하면 된다. 텔레비전 신호를 발송하기 전 각종 물체의 색을 비례가 서로 다른 세 가지 원색으로 분해한 후 이것을 기타 신호 이를테면 음성, 휘도, 주사 주파수 등과 함께 고주파 무선 전파로 변조한 다음 안테나로 공중에 발사한다. 컬러텔레비전은 안테나에서 이것을 수신한 후 텔레비전 신호에 대해 휘도 신호 검파기, 색 신호 검파기와 해독기, 동기 신호 검파기, 음성 검파기를 통해 일련의 복조, 해독 처리를 거쳐 휘도 신호, 색 신호, 동기 신호, 음성 신호를 분리해 낸다.

음성 신호는 스피커로 보내지게 되고, 색 신호 해독기에서 만들어진 빨강·녹색·파랑의 색 신호는 음극선관으로 보내진다. 음극선관에 있는 전자총은 각각 빨강·녹색·파랑의 전자선을 스크린 뒤의 섀도 마스크로 쏘게 된다. 이때 휘도 신호와 동기 신호, 음극선관의 전자석에 의해 전자선의 밝기, 음성과의 복합 영상, 전자선의 방향이 조절된다.

스크린에는 빨강·녹색·파랑의 형광물질이 화소마다 정확한 순서로 발라져 있고, 섀도 마스크에는 구멍이 뚫려 있어 각각의 전자선이 스크린의 정확히 알맞은 형광체에만 부딪치도록 되어 있다. 전자선이 형광체에 부딪치면 빨강·녹색·파랑의 점들이 빛을 발하게 되는 것이다.

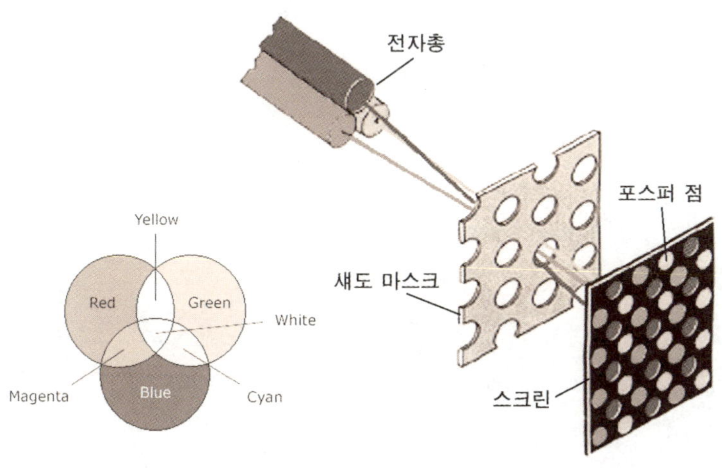

이 3개 사이 거리는 아주 가까워 사람의 눈으로는 가려낼 수 없다. 또한 화소 수가 많을수록, 휘도가 높을수록 보다 선명한 화면을 볼 수 있는 것이다.

만약 컬러텔레비전을 켠 후 가까이에 가서 확대경으로 관찰해 보면 많은 색깔의 장방형 밝은 점들이 있는 것이 보일 것이다. 세 개를 한 조로 하고 서로 이웃하고 있는 것이 한 조로 되어 매개 조에는 이 세 가지 색이 있다.  그러나 같지 않은 조의 빨강·녹색·파랑 3가지 색의 밝음도가 같지 않을 수 있기에 서로 이웃끼리 한 조로 되고, 다시 이것이 한데 중첩되어 이웃한 다른 조와 한 덩어리로 되면서 각양 각색의 영상을 나타낸다.

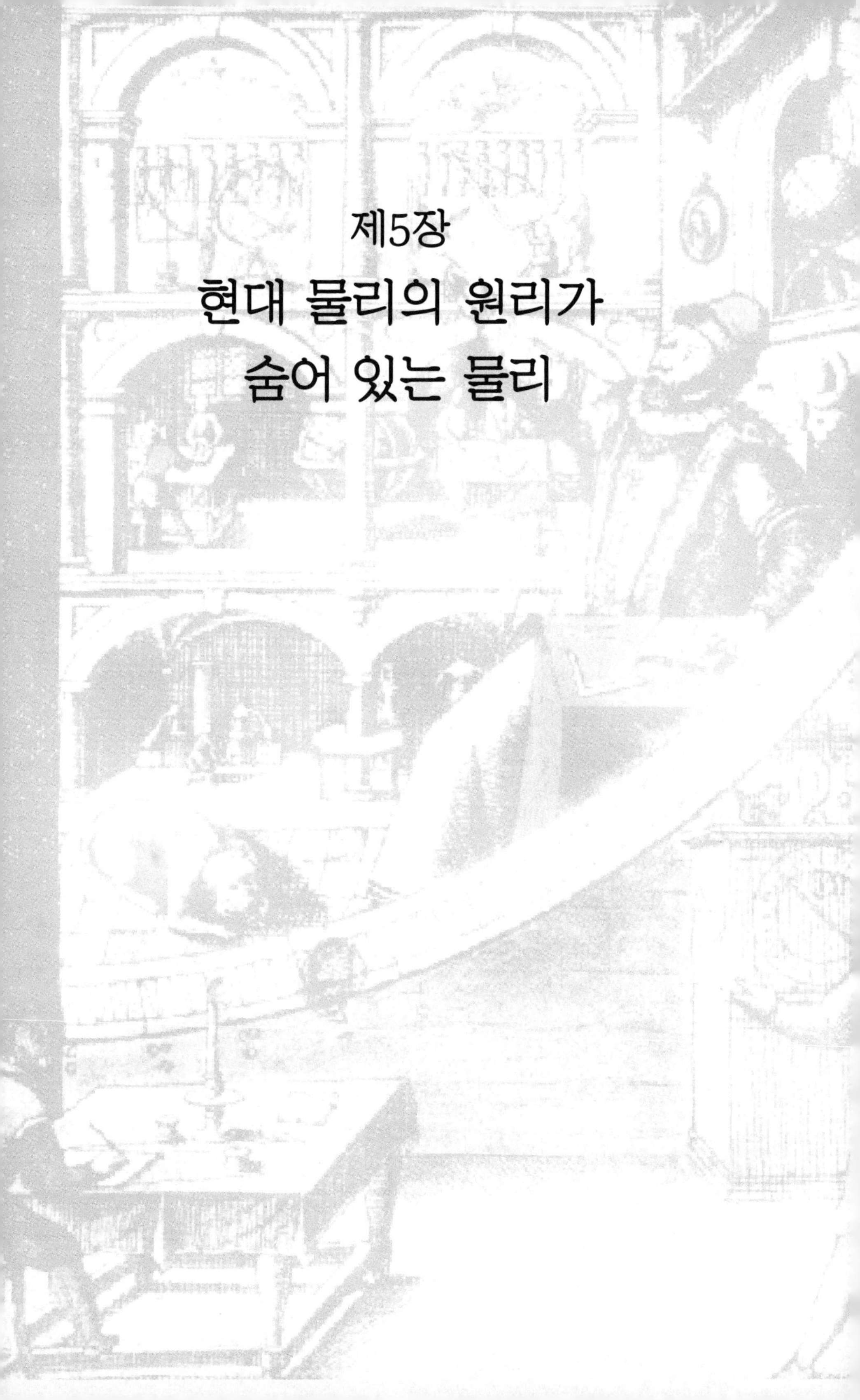

제5장
현대 물리의 원리가
숨어 있는 물리

X선은 인체를 투과한다

햇빛, 전등빛, 불빛은 눈으로 볼 수 있는 빛으로 가시 광선이라 부른다. 이 외에 비록 눈으로는 볼 수 없지만 실험적인 방법으로 그 존재를 증명할 수 있고 또 빛의 특성을 가지고 있는 빛들이 있다. 뢴트겐선이 바로 이런 빛 중의 하나인데 일반적으로 X선이라고 부른다.

1895년 독일 과학자 뢴트겐(Wilhelm Konrad Röntgen, 1845~1923)이 진공 상태의 방전 현상을 연구하면서 처음으로 X선을 발견하였다. X선과 가시 광선의 다른 점은 무엇일까?

어떤 빛이든지 모두 전자기파의 일종이며 빛에 따라 파장은 서로 다르다. 파장이

뢴트겐

$400 \sim 760\,\mathrm{nm}(1\mathrm{nm}=10^{-9}\mathrm{m})$ 사이의 빛은 가시 광선이고 파장이 $400\,\mathrm{nm}$ 보다 작은 빛은 자외선이라고 부르는 보이지 않는 빛이다.

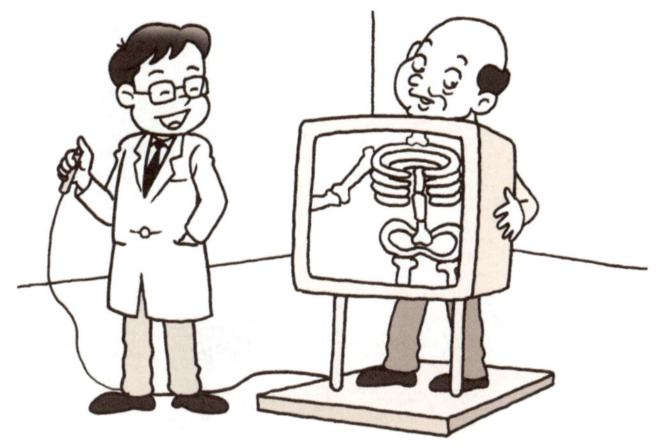

X선은 파장이 자외선보다 더 짧고 가시 광선 파장의 만분의 1밖에 안 되는 보이지 않는 빛이다.

파장이 다른 빛들의 물질을 투과하는 능력은 서로 다르다. 가시 광선은 유리, 수정, 알코올, 디젤유 같은 투명한 물체밖에 투과하지 못하지만 X선은 종이, 목재, 인체의 섬유 조직 같은 불투명한 물체도 투과한다.

왜 X선은 인체를 투과하여 형광막에 골격을 나타내는 그림자를 나타낼 수 있는가? X선은 물체에 따라 투과하는 성질이 서로 다르다. X선으로 가벼운 원자로 구성된 물질 예를 들면 근육 같은 물질은 가시 광선처럼 쉽게 투과하면서 빛 소모가 적지만 비교적 무거운 원자로 구성된 물질 예를 들면 철이나 납 같은 것은 투과하지 못하고 되려 흡수된다. X선에 대한 골격의 흡수 능력이 근육보다 150배나 더 크기에 X선으로 인체를 투시할 때에는 형광막에 골격의 그림자가 남게 되는 것이다.

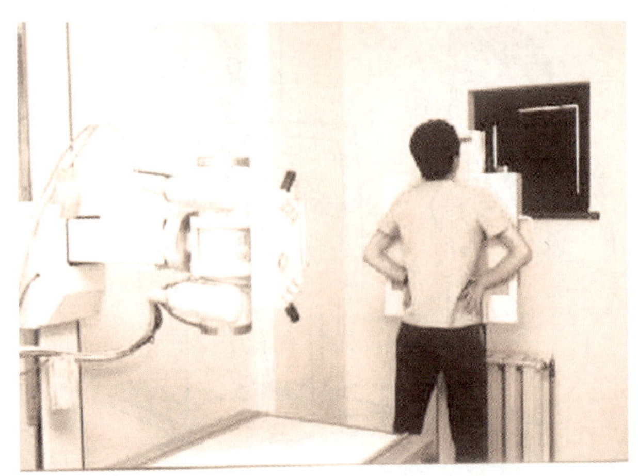

흉부 X선 촬영

　의학에서는 X선의 이러한 성질을 이용하여 환자의 폐부나 골격, 위장 등 인체의 내부 기관을 관찰하고 있다.

　단, 장기적으로 X선과 접촉한다면 인체에 해로우며 방사성 질병을 초래할 수 있다. 때문에 병원에서 X선 투시를 담당하고 있는 의사들은 고무로 만든 앞치마와 장갑, 납 유리로 만든 안경을 사용하면서 X선이 과도하게 인체를 투과하는 것을 방지하여 피해를 입지 않게 하고 있다.

방사선을 조사한 식품은 오래 보관할 수 있다

재래식 식품 보관 방법은 식품의 냉동·냉장·통조림·보존제 처리 등으로 변질을 방지하는 것이다. 하지만 이런 방법으로는 식품을 오래 보관하지 못한다. 시간이 길면 식품 속의 미생물들이 적당한 조건 하에서 자라면서 영양 물질을 분해하여 효소나 독성 물질을 분비시켜 변질하게 한다.

식품을 오래 보관하면서도 변질을 방지하는 방법은 없을까?

요즘 방사선을 식품에 조사해 오래 보관하는 방법이 이용되고 있다.

식품에 대한 방사선 조사에서는 주로 방사성 동위 원소 코발트 60 ^{60}Co과 세슘 137 ^{137}Ce이 복사하는 γ선이나 가속기의 전자빔 같은 것을 사용하고 있다. 이런 방사선들은 에너지가 크고 투과력이 강하여 식품을 포장한 상태에서 속 안까지 살균 처리할 수 있다. 식품에 대한 방사선 조사는 멸균 효과가 가장 철저하기 때

방사선 조사 공정

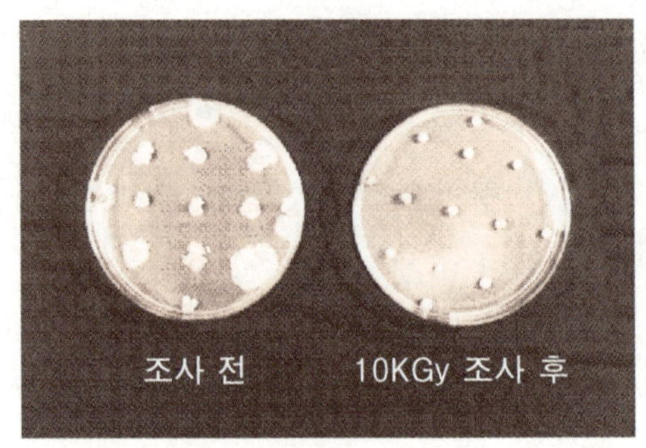

방사선 조사 후 살균 비교

문에 오래 보관해도 변질하지 않게 한다. 방사선 조사는 비록 투과력이 강하지만 그로 하여 생기는 식품 자체의 온도 변화가 아주 작기 때문에 냉동·냉장상태에서도 살균이 가능하므로 식품의 영양과 원래의 맛을 제대로 보존할 수 있는 다른 장점도 가지고 있다.

저용량의 방사선 조사로써 채소의 발아나 숙성에 생화학적 변화를 일으킴으로써 감자·양파·마늘 등의 발아 억제, 딸기·바나나 등의 숙성 억제에 이용할 수 있고, 고용량의 방사선 조사로써 세포를 손상시키거나 죽일 수 있어 돼지고기의 선모충 감염 위험 제거, 완벽한 멸균·살균·살충을 할 수 있다. 딸기에 방사

216

선을 조사한 후 냉장상태에서 6개월 동안이나 곰팡이 없이 보관할 수 있었다고 한다. 방사선 조사로써 유해한 농약·화학 약품 사용을 줄일 수 있고, 농산물 수출국의 해충을 수입국에 이입시킬 위험도 감소한다. 또 환자들의 병원식, 우주비행사들의 우주식에도 쓰인다.

그런데 방사선 조사 식품은 과연 안전할까? 세계보건기구(WHO)·국제식량농업기구(FAO)·국제원자력기구(IAEA) 등에서는 방사선 조사 식품이 안전하다고 공표하고 이용을 권장하고 있다. 지난 수십 년 간의 동물에 대한 실험에서도 어떤 독성도 발견되지 않았다고 한다. 일부 우려와는 달리 방사선 조사 식품과 방사능 오염 식품은 전혀 다르다. 체르노빌 원전 사고처럼 방사능 누출 사고에서 발생된 방사능 낙진 등으로 오염된 방사능 오염 식품과는 달리, 방사선 조사 식품은 방사능 물질에서 나오는 방사선을 식품 외부에서 조사하는 것이므로 조사된 방사선은 열로 변하거나 식품을 통과하여 빠져나가 버리므로 식품 내부에 잔류하지는 않는다.

그러나 규정 한도 이상의 과도한 방사선 조사, 방사선을 재차 조사한 경우, 방사선 조사 식품을 원료로 제조한 식품에 대한 방사선 이중 조사 등을 측정할 수 있는 기술은 아직 없다. 과도한 방사선 조사로 인한 영양 성분의 변질·파괴, 유독물질로의 변화, 기형아 출산 등의 심리적 우려가 아직 있는 것도 사실이다. 방사선 조사 식품의 안전성이 완벽하게 확보되기까지는 방사선 조사 허용을 유보하고 '방사선 조사 식품 표시 제도'를 철저히 시행하여 소비자의 알권리를 보장하고 소비자 스스로 선택할 수 있도록 해야 한다는 목소리도 높다.

한국에서는 감자·마늘·양파·밤·된장·고추장·버섯 등의 식품에 1회만 지정된 선량 이하로 방사선 조사를 할 수 있도록 되어 있다. 또한 방사선이 조사된 중국산 농산물, 미국산 육류 등은 현재 유통·판매되고 있다.

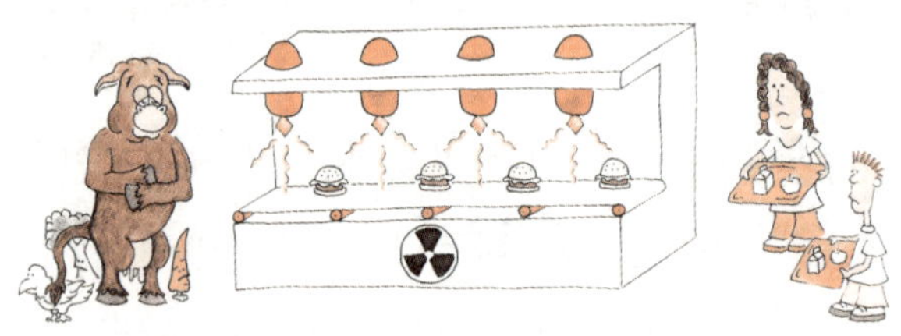

전자 현미경 – 물체의 영상을 백만 배로 확대할 수 있다

점벌레를 확대경 앞에 놓고 확대경을 일정한 거리까지 이동하면 원래보다 몇 배로 커진 점벌레의 모습을 보게 된다. 만약 두 개의 확대경을 서로 일정한 거리를 사이에 두고 겹쳐서 점벌레를 본다면 보다 확대된 점벌레의 영상을 보게 된다. 생물 실험실에서 쓰고 있는 광학 현미경이 바로 이 원리를 이용하여 만든 것이다.

광학 현미경은 렌즈통의 두 끝과 속에 몇 개의 유리 렌즈를 맞춰 넣어 확대경을 구성한 것이다. 일반적으로 렌즈가 많을수록 렌즈통이 더 길어지고 확대 배수도 늘어난다. 그렇다면 유리 렌즈의 개수를 제한 없이 늘릴 수 있을까? 그렇지는 않다. 렌즈 개수가 많아짐에 따라 확대 배수는 늘어나지만 영상의 품질이 내려가면서 영상이 선명하지 않게 된다.

현미경의 배율을 높이기 위하여 렌즈의 구조와 유리의 연마 공정 등에 대한 연구를 거쳐 확대 배수를 2500배까지 이르게 하였

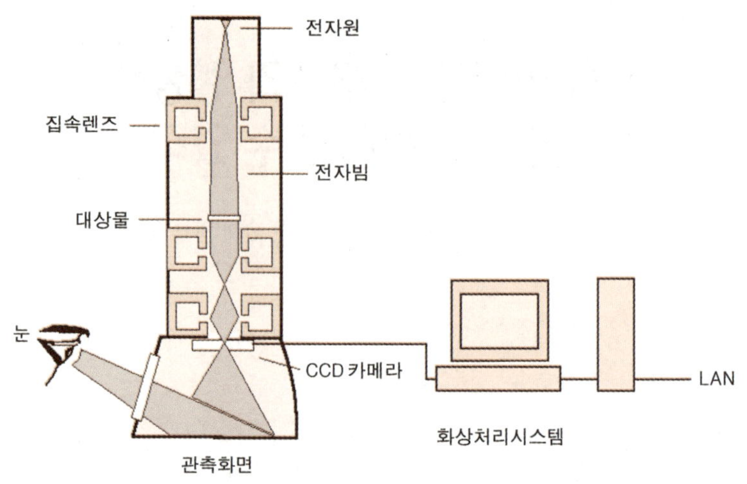

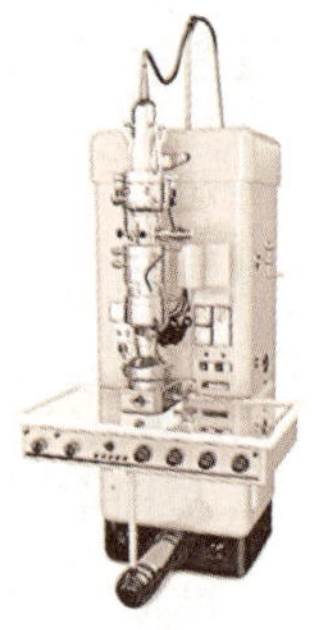

지만 더 이상 높일 방법이 없었다. 왜냐하면 광학 현미경은 가시 광선을 통해 물체의 영상을 반영하기에 관찰하려는 물체의 크기가 가시 광선의 파장과 비슷할 때면 물체에 비친 빛은 물체를 에돌아가면서 반사된 빛으로 형성된 영상을 얻지 못하기 때문이다.

장기간의 연구를 거쳐 사람들은 전자파(electron wave)를 발견하였다. 전자는 전하를 띠었기에 고압 전기의 흡인으로 고속도 운동을 할 때면 빛의 파동성을 띠게 된다. 전압이 높을수록 전자의 운동 속도가 더 빨라지면서 파장이 짧아진다. 정전압이 5만 V일 때면 전자파의 파장은 가시 광선의 10만분의 1이나 18만분의 1밖에 안 된다. 바로 이런 전자파를 이용하여 만든 현미경의 배율은 광학 현미경보다 훨씬 높아서 수천 배 내지 심지어는 수백만 배로 높아지는데, 이런 현미경을 전자 현미경이라고 한다.

가장 간단한 전자 현미경은 전자총, 대물 렌즈, 투영 렌즈 및 형광막으로 구성되었다. 전자총은 하나의 V형 필라멘트와 중심에 작은 구멍이 난 금속편(양극)으로 만들어졌다. 필라멘트에 전류가 흘러 가열되면 전자가 발산되고 이 전자는 양극 정전압의 흡인으로 가속도 운동을 한다. 일부분의 고속도 운동하는 전자는 금속편 중심의 작은 구멍을 지나 전자빔을 이루는데, 이것도 전자파의 성질이 있어 광학 현미경의 광원과 비슷하다.

광원이 있다면 확대 작용이 있는 렌즈가 있어야 한다. 전자 현미경에 쓰이는 렌즈는 일종의 전자기 렌즈로써 작은 동심 구멍이 있는 자기극성이 서로 다른 두 철편으로 만들어졌고, 자성은 직류 전류를 통과시키는 코일에서 생성되므로 전자기 렌즈라고 한다. 작은 구멍 내의 자기장은 전자빔을 편향시키는데, 이는 빛이 유리 렌즈를 지날 때 굴절 현상이 일어나는 것과 유사하다. 때문에 전자기 렌즈도 유리 렌즈처럼 확대 작용이 있다. 전자빔이 관찰하려는 물체의 견본을 투과할 때 대물 렌즈와 투영 렌즈를 거쳐 확대되면서 형광막을 비추어 물체의 영상이 나타나게 한다. 전자기 렌즈의 배율은 아주 높아 한 개의 배율은 수백 배나 되고 세 개 전자기 렌즈의 배율은 20만 배 내지 심지어는 수백만 배나 된다. 전자 현미경으로는 주사 전자 현미경과 투과 전자 현미경이 있다.

전자 현미경은 이렇듯 배율이 탁월하기에 지금 야금, 생물, 화학, 물리, 의학 등 여러 분야에서 널리 쓰이고 있다.

디지털 텔레비전과
아날로그 텔레비전

제5장 현대 물리의 원리가 숨어 있는 물리

현재 우리가 쓰고 있는 텔레비전 시스템은 아날로그 텔레비전 시스템에서 디지털 텔레비전 시스템으로 전환되고 있다. 텔레비전에 앞서 전화 · 휴대폰 · CD · PC 등은 이미 디지털 방식으로 전환되었다. 1982년 독일의 인텔말사가 아날로그 신호를 디지털 신호로 바꿀 수 있는 IC를 개발하면서부터 디지털 텔레비전이 공급되었다.

종래의 아날로그 텔레비전 시스템의 텔레비전 신호에 대한 처리 방식은 텔레비전 신호에 대해 복제하는 과정이라고 볼 수 있다. 아날로그 텔레비전은 텔레비전 방송국에서 보내온 고주파 텔레비전 신호를 수신한 후 증폭, 복조 등 처리 과정을 거쳐 소리, 영상, 색을 원래대로 회복시킨다. 만약 전송 선로가 멀고 주위의 환경이 다르면 소리가 잘 들리지 않거나 화면 · 색조가 왜곡되게 된다.

디지털 텔레비전 시스템은 방송하려는 프로그램의 소리, 영상,

색채 등 아날로그 신호를 0과 1로
된 디지털 신호로 전환시킨 후 다
시 압축하고 고주파 무선 전파로
복조하는 등 과정을 거친 후 안테
나로 발사하거나 유선 케이블로
신호를 전송한다. 디지털 방식으

로 전파되는 방송은 반드시 디지털 텔레비전으로만 신호를 수신
할 수 있다.

디지털 텔레비전은 아날로그 텔레비전에 비해 화면과 음량의
질이 뛰어나다. 디지털 텔레비전은 높은 명료도 제작법을 이용했
으므로 영상이 맑고 깨끗하다. 정보의 손실이나 오류 없이 신호
를 압축하여 많은 정보를 전송할 수 있어 한 화면에서 2, 3개 채
널을 동시에 볼 수 있다. 또 화면을 순간 정지시키거나 확대·재
생해 볼 수 있고, 프린터로 뽑아 볼 수도 있다. 또 원하는 방송·
영화를 입력해 선택해 볼 수 있는 쌍방향 수신도 가능해진다.

디지털 텔레비전은 화질에 따라 HDTV(High Definition
TV : 고화질)와 SDTV(Standard Definition TV : 표준화질)로
구분되는데, HDTV는 약 200만 화소 화면비 16 : 9이며, SDTV
는 약 40만 화소 화면비 4 : 3이다. 전송 방식에 따라 미국식
(ATSC)과 유럽식(DVB)으로 나눌 수 있는데, 미국식은 고화질,
유럽식은 이동성·다채널화에 특징이 있다. 현재 한국에서는 일
부 디지털 방송이 시행되고 있으며, 조만간 전면 디지털 방송이
시작될 것이다.

입체 영상 기술 – 홀로그래피

제5장 현대 물리의 원리가 숨어 있는 물리

홀로그래피(입체 영상 기술)는 최근 40년 간에 신속한 발전을 해 온 새로운 촬영 기술이다. 이 기술은 보통 촬영 기술에 비해 원리상에서 근본적으로 다르다. 보통 촬영 기술은 볼록 렌즈의 영상 원리를 이용하여 건판에 찍으려는 물체의 반사광 세기를 기록하는 것으로써 이로 하여 우리가 보게 되는 사진은 평면 영상이다. 홀로그래피는 이와 달리 찍으려는 물체의 반사광 세기를 기록할 뿐만 아니라 반사광이 파동으로서 갖는 위상(phase)까지 기록하여 특수한 방법으로 사람들의 눈에 3차원 입체 영상 즉 홀로그램이 보이게 한다. 그렇다면 홀로그램이란 무엇인가?

홀로그램은 레이저 광선을 제외하고는 설명할 수 있다. 〔그림〕에서 가리

홀로그램

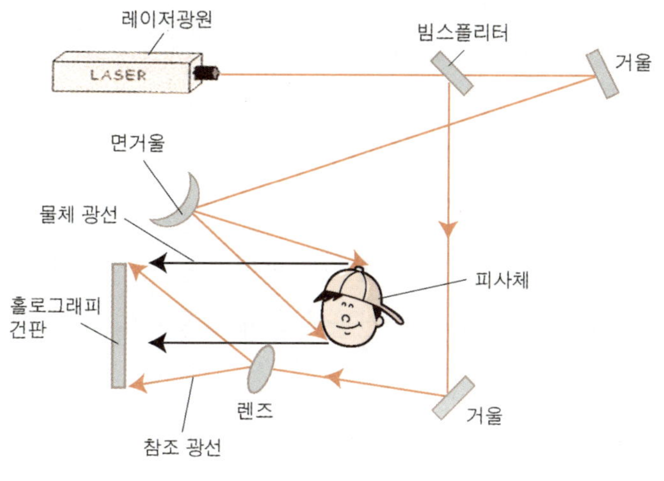

홀로그램 제작 과정

키는 것은 홀로그램을 찍는 안내도이다. 레이저 광원에서 나온 간섭성 빛을 분류 장치(beam splitter)를 통해 두 조의 레이저 광선으로 나누어 그 중에서 한 조의 광선은 거울면에서 반사되어 건판에 비치는데 이것을 참조 광선이라고 하고 다른 한 조의 광선은 찍으려는 물체에서 반사되어 다시 건판을 비치는데 이것을 물체 광선이라고 한다. 참조 광선과 물체 광선은 건판에서 간섭 무늬를 형성하는데 이 감광 건판이 바로 홀로그램이다. 육안으로 보면 지문 같은 간섭 무늬밖에 보이지 않지만 레이저 광선으로 건판을 비추면 사람들은 원래 물체의 입체 영상을 보게 된다.

홀로그래피는 헝가리 출생 영국 물리학자 가보(Dennis Gabor, 1900~1979)가 한 영국 회사에서 전자 현미경을 연구하는 중에 발명하였다. 가보는 그리스어의 모두를 뜻하는 holo와 기

록을 뜻하는 gram을 합쳐 이 입체 영상을 홀로그램(hologram)
이라 명명하였으며, 이 발명으로 하여 1971년도 노벨 물리학상
을 받았다.

만약 홀로그램이 찢어졌을 경우에 그 중 어느 한 조각이라도
있다면 물체의 영상을 재현할 수 있다. 홀로그램의 정보량은 보
통 사진에 비해 엄청나게 많은데 매번 노출시에 건판의 각도를
바꾸는 방법으로 한 장의 건판에 동시에 많은 영상을 기록할 수
있다.

1943년 가보가 홀로그래피를 착상할 당시에는 아직 레이저 기
법이 발명되지 않아 투명한 물체에만 적용할 수 있었고, 간섭성
광원을 얻을 수 없어 상 분리와 재생이 어려워 크게 주목받지 못
했다. 1961년 레이저가 발명되자 1962년 미국의 리스(Emmett
N. Leith)와 우파트닉스(Juris Upatnieks)는 레이저를 이용해
상의 분리 · 재생에 성공하였고, 이후 홀로그래피 연구는 빠른 진
보를 보였다.

홀로그램은 흔히 크레디트 카드 등의 로고에서 볼 수 있는데,
복사가 어려워 위조 방지 등에 이용된다. 홀로그래피는 3차원 영
화나 TV 기술 개발 등 여러 방면에서 그 응용이 연구되고 있다.

C₆₀(풀러린)의 축구공 같은 분자 구조 모형

제5장 현대 물리의 원리가 숨어 있는 물리

화학 원소 주기율표에서 탄소 원소 C는 성질이 활발한 원소의 일종이다. 과학자들은 탄소족에 대한 X선 검사를 통해 탄소 분자 내부에서 원자들의 배열 결합 방식에 따라 동소체들의 〈성질〉이 서로 달라진다는 것을 발견하였다. 연필심을 만드는 흑연과 같은 탄소 물질은 원자가 한층 한층씩 배열되어 있고 또 각층의 원자가 6각형 벌집 모양으로 배열되어 있어 층 사이의 상호 작용이 아주 약해 연약한 속성을 가지고 있다.

그러나 같은 탄소 원자로 구성된 다이아몬드(금강석)는 원자 배열이 흑연과 달리 탄소 원자를 중심으로 정사면체를 이루고, 이 정

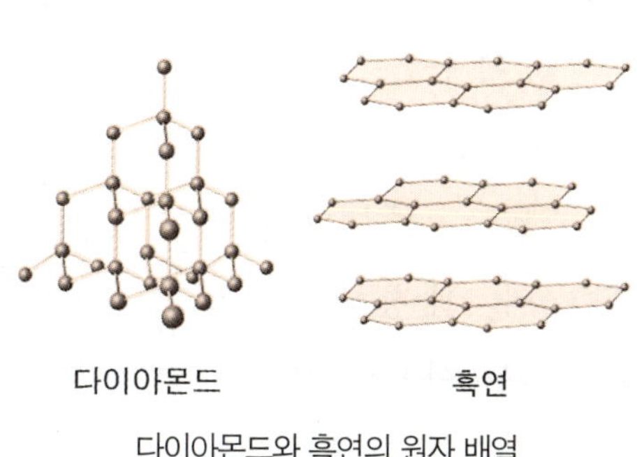

다이아몬드　　　　　흑연

다이아몬드와 흑연의 원자 배열

사면체의 꼭지점에 있는 4개의 탄소 원자가 다시 다른 4개의 탄소와 공유 결합하고 있는 거대분자 구조를 가지고 있어 가장 단단한 물질로 알려져 있다.

1985년 미국 라이스 대학의 스몰리(Richard E. Smally)와 컬 2세(Robert F. Curl Jr.), 영국의 서식스 대학의 크로토(Harold W. Kroto)는 밀폐된 공간에서 헬륨 기체 속에서 흑연에 레이저 빔을 쬐어줌으로써 세 번째 탄소 동소체인 C_{60}을 만들어냈다. 그들은 이 C_{60}의 구조가 12개의 정오각형을 20개의 정육각형이 둘러싼 축구공 모양이라고 제안했으며, 미국의 엔지니어이자 철학자·건축학자인 풀러(Richard Buckminster Fuller)가 설계한 측지돔(geodesic dom)과 같은 구조였기에 C_{60}을 풀러린 (fullerene)이라 하였다.

탄소 원자의 이러한 구조를 세심하게 연구해 보면 이런 원자들의 배열에는 어떤 대칭성이 있다는 것을 발견할 수 있다. 일정한 회전축을 따라 어느 한 각도로 돌거나 어느 한 방향으로 평행 이동한 후에 나타난 탄소 구조는 원래 구조와 아무런 구별되는 점이 없었다. 이런 변환 중의 불변성을 대칭성이라고 한다. 기하학에서 정다면체는 대칭성이 있는 도형

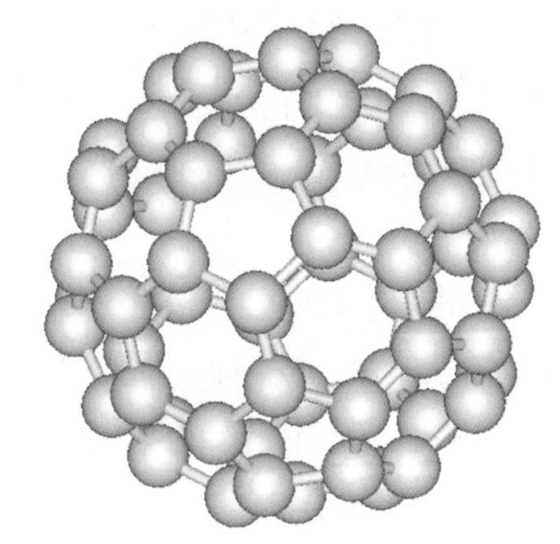

풀러린

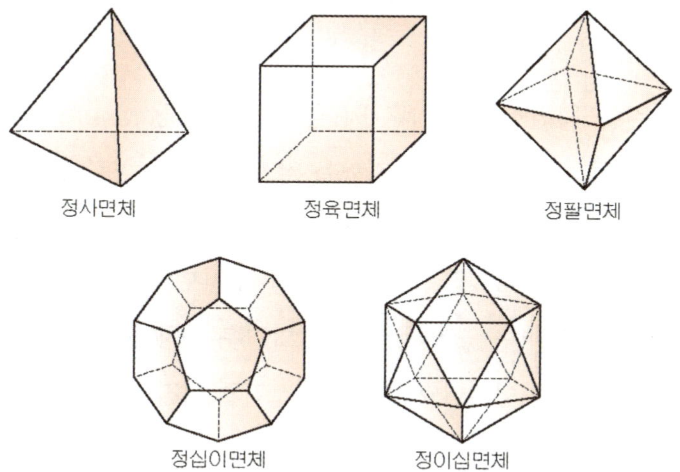

으로써 현재까지 밝혀진 정다면체에는 정4면체, 정6면체, 정8면체, 정12면체, 정20면체인 다섯 가지밖에 없다.

대칭성이 제일 높은 입체 도형은 구이다. 구는 구의 중심을 지난 임의의 직선을 회전축으로 하여 어느 각도로 돌려도 나타나는 형태는 변하지 않는다. 고대 희랍 철학자 피타고라스는 "모든 평면 도형 중에서 제일 아름다운 것은 원이고 모든 입체 도형 중에서 제일 아름다운 것은 구이다"라고 하였다.

풀러는 정20면체의 꼭지점을 다 잘라낸 후에 생긴 반정다면체는 구에 합치될 것이라고 하였다. 이 때의 반정다면체는 엄격하게 말하면 정다면체가 아니라 꼭지점을 잘라낸 후의 20면체이다. 각을 잘라낸 후의 20면체는 12개 정오각형과 20개 정육각형으로 이루어졌고 또 60개 꼭지점과 90개 모서리가 있다. 이런 기하학적 도형은 우리가 늘 볼 수 있는 축구공 모양과 같다. 풀러는 이 형태에서 기둥 없이도 잘 지탱할 수 있는 측지돔의 힌트를 얻었다.

풀러린은 벅민스터 풀러린(Buckminster fullerene)·버키볼(bucky ball)이라고도 하며, 지름은 약 0.7㎚인데 성질이 강하면서도 매끄럽다. 빛을 잘 흡수하고 전자를 잘 받아들이는 성질이 있어 풀러린과 알칼리금속을 결합하면 초전도체가 될 수 있고, 튜브처럼 이어질 수 있어 풀러린의 발견은 차세대 나노 소재인 탄소 나노 튜브의 발견(1991년 일본 전기의 이지마 박사 발견)·연구에 중요한 역할을 하였다.

이후 다른 동소체인 C_{170}, C_{240}, C_{540} 등도 발견되었는데, 이들을 모두 풀러린이라고도 한다.

풀러린을 발견할 당시 크로토는 영국에서 분자운동과 우주물리학을 연구하고 있었다. 성간 가스 분석 중 탄소의 기화를 연구하기 위해 미국의 컬과 스몰리와 합류한 것이 우연히 풀러린의 발견으로 이어졌다. 스몰리·컬·크로토는 풀러린을 발견한 공로로 1996년 노벨 화학상을 받았다. 풀러의 측지돔 모양은 서울랜드·엑스포 과학공원에서 볼 수 있다.

서울랜드

81

반도체 소자의 생산 공정은 반드시 진공 속에서 …

제5장 현대 물리의 원리가 숨어 있는 물리

반도체 소자의 생산은 아주 깨끗한 환경에서 이루어져야 할 뿐만 아니라 어떤 공정은 반드시 진공 속에서 해야 한다.

우리들이 생활하고 있는 대기 환경 속에는 많은 질소, 산소 및 기타 여러 가지 기체 분자들이 있는데 이 기체 분자들은 끊임없이 운동하고 있다. 이런 기체들이 운동하면서 물체의 표면과 접촉할 때 일부분이 부착된다. 일상 생활에서는 별로 문제 없지만 주위의 환경에 극히 민감한 반도체 소자의 생산 공정에서는 많은 어려움이 있다.

매개의 반도체 소자는 모두 많은 층을 이룬 여러 가지 재료로 만들어졌는데 만약 각 재료 사이에 예기치 않은 기체 분자가 혼입

반도체 소자 생산 진공시설

된다면 소자의 전기학적 또는 광학적 성능이 파괴된다. 예를 들면 결정체 표면에 또 한층의 결정체를 생성하려고 할 때에 밑층 결정체의 표면에 부착된 기체 분자는 윗면의 원자가 결정 구조에 따라 순서 있게 배열되는 것을 방해하면서 바깥층에 많은 결함이 생기게 한다. 심할 때에는 결정체가 생성되지 못하고 원자 배열이 불규칙한 다결정체나 비결정체로 된다.

1대기압에서 결정체의 매개점은 매 초에 수억 개 기체 분자의 충격을 받는다. 때문에 깨끗한 결정체 표면을 얻으려면 기체 분자의 밀도를 대기 밀도의 수억분의 1로 낮추어야 한다. 이런 환경은 곧바로 진공 환경이다. 사람들은 밀폐된 용기를 만들어 진공 펌프로 용기 속의 공기를 뽑는 것으로 진공 환경을 만들고 있다.

232

반도체 부분품인 CD판, VCD판, DVD판이나 광섬유 통신에 쓰고 있는 반도체 레이저계기, 레이더나 위성 통신 시설 중의 마이크로파 집적 회로, 심지어는 보통 마이크로파 집적 회로도 많은 생산 공정이 진공 속에서 진행된다. 진공 정도가 높을수록 제작된 반도체 소자의 성능이 좋다. 고성능 반도체 소자는 모두 초고진공 환경에서 제조된다. 초고진공이란 기체 분자의 밀도가 대기 밀도의 수천억 내지 수백조분의 1밖에 안 되는 환경을 가리킨다. 이런 초고진공 환경을 얻으려면 아주 복잡하고도 비용이 많이 드는 조작 계통을 세워야 한다.

이 외에 반도체 부분품을 가공하는 과정에 전자빔이나 이온빔, 분자빔 등 소립자로 재료를 쪼이거나 충격한다. 대기 중의 기체 분자는 이런 소립자와 충돌하면서 그것들의 운동 거리를 짧게 하는데, 이렇게 하면 많은 소립자는 재료 표면까지 이르지 못한다. 때문에 이런 가공 과정을 진공 속에서 진행한다면 이상의 문제를 피할 수 있다.

82

물질의 제4형태─플라스마

제5장 현대 물리의 원리가 숨어 있는 물리

일반적인 온도와 압력 하에 사람들이 볼 수 있는 물질은 기체, 액체 및 고체 형태이다. 물을 전형적인 예로 들 수 있는데 물은 상온에서는 액체지만 0℃ 이하에서는 고체인 얼음으로 변하고 100℃ 이상에서는 기체인 수증기로 변한다. 기체·액체·고체는 물질 존재의 3가지 기본적 상태로써 이들간의 상호 전환은 보통 온도와 압력 하에서 발생한다. 이 기체·액체·고체의 상태를 물질의 3태라 하며, 이 3태가 아닌 물질의 다른 상태가 하나 발견되었는데, 이것이 물질의 제4형태인 플라스마(plasma)이다.

만약 물질의 미시적 구조로부터 말한다면 물질을 구성한 입자들인 원자·분자·이온의 배열에 질서가 있는가 없는가 하는 것으로 물질의 3가지 형태를 구분한다. 고체를 구성한 물질 입자는 정연하게 '정육면체'로 배열되어 있고 '정육면체'의 꼭지점에 있는 입자는 약간 '불안정한 상태'에 있는데 이런 상태를 가장 질서 있는 상태라고 한다. 만약 고체 물질에 열을 가한다면 '정육면체' 꼭지점에 있는 입자는 외계로부터 에너지를 얻어 꼭지점에서 이탈하기 시작하면서 고체는 배열 질서가 좀 헝클어진 액체로 변화한다. 같은 원리로 계속 액체에 일정한 온도까지 열을 가한다면 거의 모든 입자는 '자유로운' 입자로 변하면서 제일 무질서한 기체로 변화한다.

만약 기체에 계속 열을 가한다면 어떻게 될까? 온도가 수천℃까지 이르면 기체 원자의 전자는 원자핵의 속박에서 벗어나 자유전자가 되고 원자는 전자를 잃고 양전하를 띤 이온으로 된다. 이 과정을 이온화라고 한다. 이온화된 후의 기체는 원래의 기체와 다른 점이 있다. 비록 대부분 기체는 전하 중성 상태에 있지만 이온화 과정에서 원래 중성 기체 원자의 배열 순서 정도(비록 배열 순서가 고체나 액체보다 정연하지 못하지만)를 파괴하여 기체의 기본 성분을 전자, 양성자 등 전하를 띤 입자들이 기체처럼 섞여 있는 상태가 된다. 이런 상태는 중성의 원자나 분자들로 이루어진 기체 상태와는 전혀 다른 성질을 지닌다. 이렇게 앞에서 언급한 세 가지 상태와는 다르기 때문에 이런 상태를 물질의 제4형태인 플라스마라고 한다. 보통 기체에서 분자나 원자는 무질서한 열운동을 끊임없이 하지만 플라스마 상태에서 전

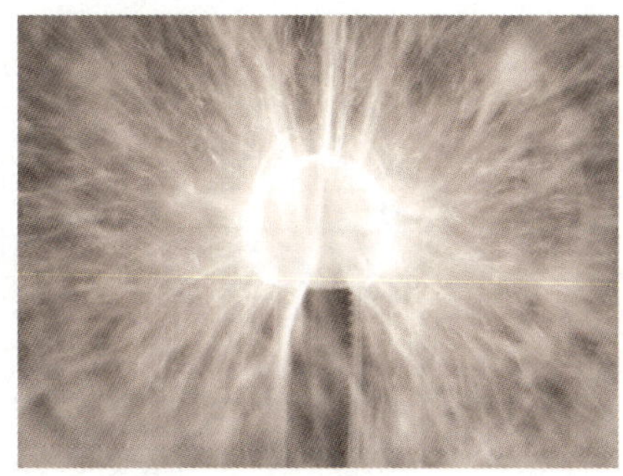

플라스마 볼

자는 집합체로 왕복 진동 운동을 한다. 플라스마 기체를 자기장 속에 넣는다면 이런 진동 운동은 자기장의 영향과 지배를 받게 되는데 이는 플라스마와 보통 기체 사이의 가장 중요한 구별점이 다.

이 플라스마 상태는 태양이나 별에서처럼 내부 온도가 아주 높을 때 존재한다. 지구는 표면의 온도가 아주 낮기 때문에 플라스마 상태가 생성되는 조건이 갖추어져 있지 않다. 한편 압력이 아주 낮을 때나 특수한 조건에서는 지구에서도 플라스마 상태가 나타날 수 있다. 예를 들면 여름에 비 내릴 때 보는 번개는 공기가 이온화되어 생성된 플라스마 기체가 내뿜은 빛이고 밤거리를 단장시키는 오색 영롱한 네온등은 플라스마 기체가 내뿜은 빛이다.

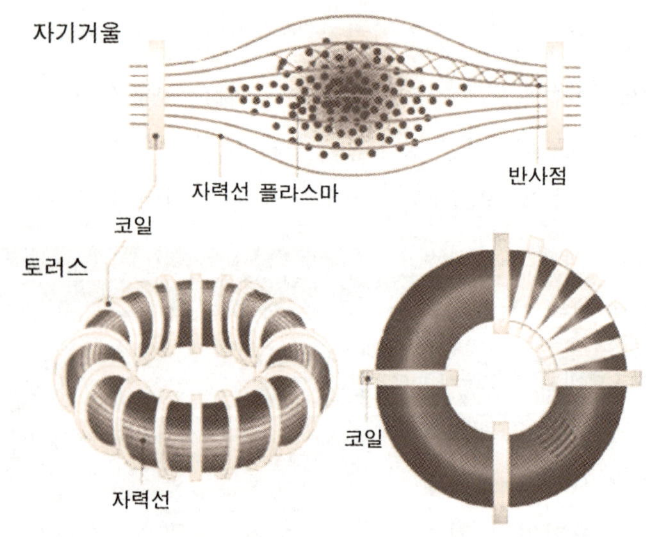

플라스마 생성 장치

236

　1928년 미국의 물리학자인 랭뮤어(Irving Langmuir, 1881~1957)는 아크 방전과 글로 방전 때 생기는 양광 기둥 부분의 상태를 가리키는 용어로 플라스마라는 개념을 처음으로 도입하였다. 물질 제4형태라고 하는 이 플라스마 연구는 미래 첨단 기술에서 중요한 역할을 할 것으로 기대된다. 대표적인 예가 핵 융합 발전에서의 이용이다. 이 때 1억℃ 이상의 초고온 중수소·삼중수소의 플라스마를 생성해야 하는데, 이 고온의 플라스마를 가두기 위한 장치로 토카막(tokamak)이 있다. 이 장치 내부의 도넛 모양의 토러스를 이용해 플라스마를 생성하면 핵 융합이 시작된다.

　우주에서 99.9% 이상의 물질은 플라스마 상태에 있다. 태양도 고온 플라스마 상태의 물질로 구성되었다. 때문에 플라스마 상태는 물질 존재의 보편적인 형태의 하나로써 인류가 0.1%밖에 안 되는 비플라스마 상태에서 생존하고 있다는 것은 행운이 아닐 수 없다.

자연계의 '나비 효과'

18세기 프랑스의 천문학자이자 수학자, 물리학자인 라플라스(Pierre Simon de Laplace, 1749~1827)는, "만약 우주의 모든 사물들의 위치와 속도를 알고 있는 한 천재가 있다면 그는 모든 사물의 '과거'와 '미래'를 말할 수 있을 것이다. 따라서 자연계의 만물의 발전 변화도 예측할 수 있을 것이다."라고 하였다. 많은 과학자들은 이미 전부터 여러 가지 예측에 대한 연구를 하고 있다. 예를 들면 천문학자들은 수십 년, 심지어는 수백 년 후의 일식과 월식의 발생을 예측하고 있는 것이다.

한편 일상 생활에서도 사람들은 더욱 많은 부분에서 경험과 직감으로 예측하고 있다. 숙련된 농구 선수가 던진 볼이 백발 백중한다든가 실력이 있는 탁구 선수가 상대방의 공을 정확하게 판단하고 쳐 넘기는 등등의 동작은 모두 그들의 예측 능력에 의해 실행된다.

사람들이 잘 알고 있는 가까운 '미래'를 예측하는 행위의 하나는 일기 예보이다. 컴퓨터와 공간 위성 기술의 발달에 따라 사람들은 인류가 변화 무쌍한 날씨의 시달림에서 벗어나 제대로 날씨를 예보하고 또 통제하고 바꿀 수 있기를 기대하고 있다. 가까운 미래에 필요에 따라 비를 내리게 하거나 또는 내리지 못하게 할 수 있고 또 열대 태풍을 다스리고 엄동 설한을 뜻대로 조절할 수 있게 될까?

그러나 사람들은 일기 예보는 일종의 예측으로써 이삼 일 사이의 예보는 실제 날씨 상황과 비슷하지만 일주일 넘는 예보는 실제 날씨보다 차이가 엄청나 예보의 가치를 잃는 것을 발견하였다.

미국의 기상학자 로렌츠(Edward Lorentz, 1917~)는 컴퓨터로 장난감 일기 모형(기상청에서 사용하는 수학 모델에 비해 유치하므로)을 만들어 2개 조를 비교하여 날씨 상황을 연구할 때에 놀라운 발견을 하였다. 입력 결과에 아주 작은 오차만 있어도 그 영향은 결과적으로 엄청나게 크다는 것이다. 이로부터 로렌츠는 기상에서 수집한 자료에 조그마한 오차(피할 수 없다)가 있어도 컴퓨터로부터 사람들이 생각하지 못했던 결론을 얻게 된다고 인정하였다.

1979년 로렌츠는 미국 워싱턴에서 열린 한 연설에서 "한 마리 나비가 브라질에서 날개를 움직였다면 미국 텍사스 주에서 토네이도가 발생할 수 있는가?"라는 제목의 논문을 발표하였다. 그리고 이런 현상을 자연계의 '나비 효과(butterfly effect)'라고 불렀

다. 장기 일기 예보가 실제적인 가치를 잃게 되는 것도 나비 효과로 설명할 수 있다.

즉 '나비 효과'란 나비의 날개짓만큼 사소한 사건 하나가 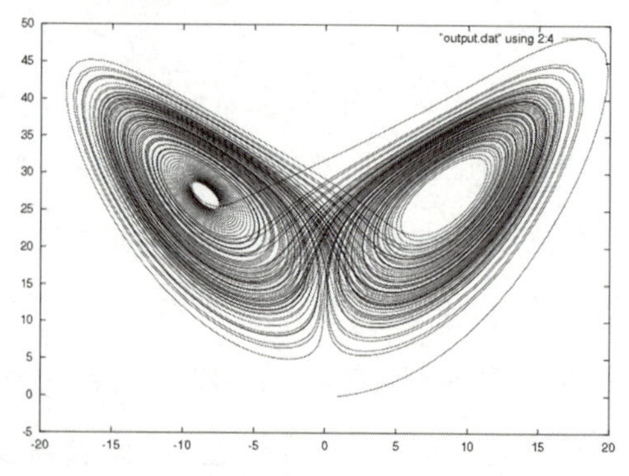 나중에 엄청난 결과를 가져오는 것을 말한다. 중국 베이징에 있는 한 마리 나비의 날개짓이 대기 상태에 영향을 주고 시간이 지남에 따라 크고 작은 공기의 흐름과 소용돌이의 원인이 되어 1년 후에는 미국 뉴욕을 휩쓰는 허리케인이 되는 큰 결과를 가져온다는 것이다. 로렌츠는 카오스 이론을 연구하던 중 나비 효과를 발견하였다. 즉 뉴턴 역학 이래 많은 자연 현상들을 단순화된 선형

240

운동방정식으로 기술하려 했지만, 비선형적인 요소들을 포함하는 방정식은 풀 수 없었다. 이때 선형방정식에서 무시되었던 사소한 조건들의 불규칙하고 복잡한 움직임을 함께 고려할 수 있다면 우리가 느끼기에 카오스(혼돈)적인 세계도 이해될 수 있다는 것이다.

나비 효과는 일기 예보에서 존재할 뿐만 아니라 기타 일상 생활에서도 나타난다. 완전하게 이상화한 당구 게임에서 한 사람이 어느 한 각도로 당구공을 쳤다면 공은 서로 부딪치면서 각각의 다른 방향으로 분산되어 갈 것이다. 만약 이 사람이 힘의 크기와 방향을 엄격하게 통제하면서 공을 다시 친다면 첫번째 결과와 같은 현상이 나타날 수 있겠는가? 경험에 따라 어느 한 순간의 공의 운동 상태를 예측할 수 있겠는가? 그렇게 하지 못한다. 그것은 공을 칠 때에 나타나는 조그마한 오차를 무시할 수 없기 때문이다. 예를 들면 당구판의 미약한 진동이나 사람의 호흡도 당구를 치는 데 영향을 줄 수 있기에 예측은 의의를 잃게 된다.

해안선의 길이는 정확하게 측정하지 못한다

제5장 현대 물리의 원리가 숨어 있는 물리

지도를 보면 긴 해안선이 표시되어 있고 지리 교과서에는 해안선의 길이가 적혀 있다. 해안선의 길이는 어떻게 측량할까?

가장 원시적인 방법으로는 우선 일정한 길이를 가진 기준자 d 로 해안선의 한 끝에서 다른 한 끝까지 가면서 차례로 측량하는 것인데 만약 그 횟수가 n 회라고 한다면 직관적으로 인정하는 해안선의 총 길이는 nd 일 것이다. 해안선의 형태는 규칙적이지 않으며 평탄한 해변가가 있는가 하면, 구불구불한 곳도 있으며 곶과 만이 좁은 간격으로 배열되어 있기도 한다. 기준자 d 의 직선 거리 사이에도 많은 구불구불한 형태가 있지만 실제 측량에서는 무시된다. 따라서 기준자 d 의 길이가 짧을수록 측량된 해안선의 길이는 더욱 정확하게 될 것이다. d 가 짧아질수록 측량 횟수 n 은 많아질 것이며 따라서 작은 기준자로 측량한 해안선의 길이는 큰 기준자로 측량한 것보다 길어질 것이다. 그렇다면 d 가 짧을

수록 심지어는 0에 접근한다고 할 경우이면 총 길이 nd 는 해안선의 실제적 길이에 접근하지 않겠는가? 폴란드 출신 미국의 수학자 만델브로(Benoit B. Mandeldrot)는 많은 나라의 해안선을 측정한 결과에 따라 사람들이 아주 짧은 d 로 정확하게 해안선의 길이를 측정하려고 할 때 해안선의 길이 nd 는 실제적 길이에 접근하지 않았고 d 가 짧아짐에 따라 측량된 해안선의 길이가 길어지기만 한다고 지적하였다. 즉 1m의 기준자보다는 10㎝의 기준자가 더 길게. 10㎝의 기준자보다는 1㎝의 기준자가 더 길게 나오므로 기준자를 무한히 작게 하면 길이는 무한한 값이 나올 수 있다는 것이다. 이는 해안선의 길이는 정확하게 측정하지 못한다는 것을 의미한다.

상술한 상황이 일어나게 되는 원인은 해안선은 자연의 힘(지각의 변천, 비바람의 영향)에 의해 형성되는 것이며, 기하학적 의미에서의 유클리드 기하 곡선이 아니기 때문이다. 만델브로는 이러

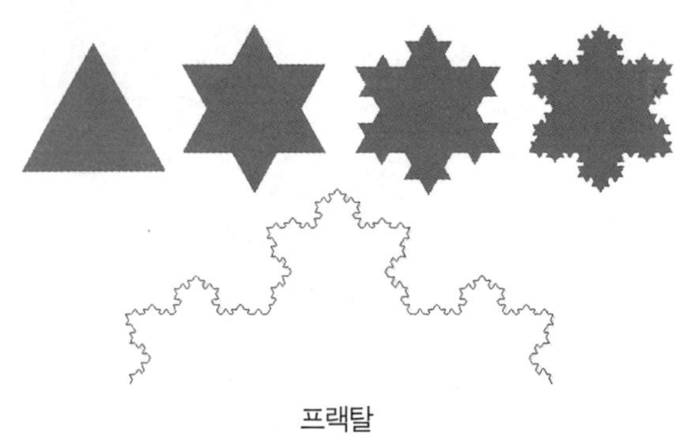

프랙탈

한 형태에 자기상사성이라는 이름을 붙였다.

해안선의 주요한 특징은 부분과 전체의 자기상사성(자기유사성 : self similarity)이다. 다시 말하면 해안선에서 임의로 어느 한 구간을 선택하여 아주 크게 확대한다면 우리는 진실한 전체 해안선 형태와 비슷한 '해안선'을 얻게 된다. 또한 만델브로는 일반적인 기하 형태와는 다른 해안선처럼 자기상사성의 특징을 가진 형태를 구별하기 위하여 프랙탈(fractal)이라는 개념을 만들었다.

프랙탈이라는 말은 라틴어의 fractus(부서진)에서 유래된 말로 분수(fraction)에서 이름을 빌어 왔다고 한다. 자세하게 주변의 자연계를 관찰한다면 허다한 프랙탈의 실례를 찾을 수 있다. 예를 들면 밤중의 하늘에 나타난 번개나 하늘 공중에 떠 있는 구름, 인체 내부의 폐나 호흡 기관 계통의 형태는 모두 프랙탈이다. 과학자들은 이미 프랙탈기하학에 대한 진일보된 연구를 거쳐 자연계에 대한 새로운 인식을 가져오고 있으며, 현대의 카오스이론도 프랙탈이론과 긴밀한 연관성을 맺고 연구되고 있다.

미시적 원자 세계 관찰하기

일상 생활에서 보게 되는 모든 물질들은 많은 원자들의 화합으로 구성되었기 때문에 화학적 관점에서 말한다면 원자는 물질 세계를 구성하는 기본 단위라고 할 수 있다. 그렇다면 물질 재료의 미소한 원자는 어떻게 관찰할까? 원자에 대한 관찰에서는 주로 회절 방법(diffraction technique)과 주사 전자 현미경 관찰법(Scanning Electron Microscope Observation method)을 이용한다.

회절 방법은 결정체 내부의 원자 배열을 관찰하는 데 이용한다. 방사선으로 결정체를 비추면 결정체의 원자들은 순서 있게 배열되어 있기에 물리학적 원리에 따르면 결정체 원자의 배열과 방사선 사이의 상호 작용으로 반사광은 어떤 방향에서는 강해지거나 약해지므로 사진 건판이나 형광막에 '회절 무늬'를 만든다. 과학자들은 결정체와 방사선 사이의 상호 작용에 관한 분석 계산을 통하여 정확하게 '회절 무늬'가 반영한 결정체 내부의 원자 배

열 방식을 환원시켜 결정체
원자 세계의 미시적 도안을
그려낸다. 실제 연구에서
쓰이는 방사선은 전자빔이
아니면 X선이다. 전자빔을
이용하는 전자 현미경은 바
로 이런 원리에 근거하여
원자를 분별한다.

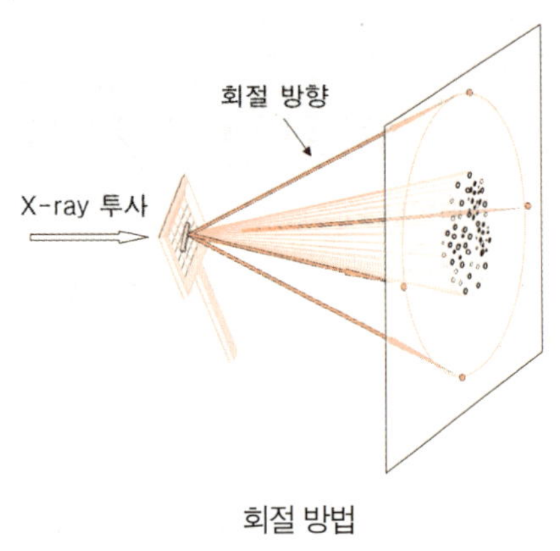

회절 방법

　회절 방법으로는 결정체 내부의 원자 세계를 관찰할 수 있을 뿐이다. 무기 결정체나 간단한 유기 결정체는 회절 무늬의 환원 동작이 비교적 간단하기 때문에 보통 원자 배열 도안을 쉽게 환원시킬 수 있지만 단백질이나 핵산 같은 큰 분자의 결정체는 회절 무늬를 환원시키는 계산이 아주 복잡하여 원자 배열 구조를 측정하기 어렵다. 원자 배열이 무질서한 비결정체 재료는 현재까지 회절 방법으로는 원자와 원자 배열 구조를 관찰하지 못하고 있다.

　주사 전자 현미경(SEM)으로는 원차에 대한 전자의 양자 터널 효과를 이용하여 재료 표면의 원자를 직관적으로 '볼' 수 있으며, 이 원자를 이동시키거나 조종할 수도 있다. 양자 터널 효과에서 터널 전류는 원자들 사이의 거리와 아주 민감한 상호 의존 관계를 가지고 있다.

　꼭지점에 한 개 원자밖에 없는 바늘 끝이 재료 표면과 닿으면서 이동할 때에 바늘 끝과 재료 사이의 전류는 바늘 끝에 있는 원

246

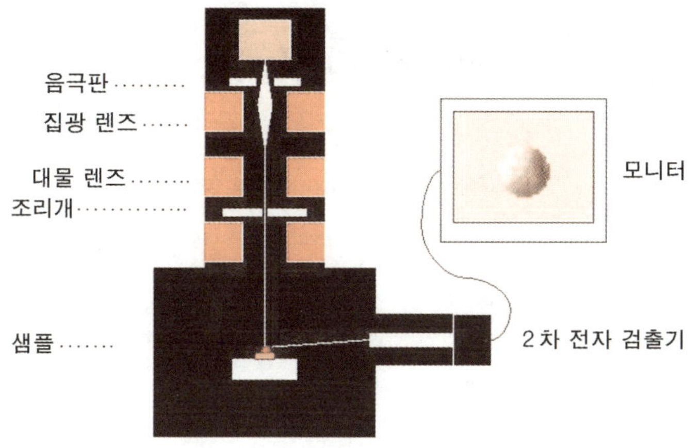

주사 전자 현미경 관찰법

자와 재료 표면의 어느 한 원자 사이의 전자 전이 과정과 연관된
다. 이로부터 재료 표면의 단일 원자를 분별할 수 있게 된다.

　주사 전자 현미경의 장점은 재료 표면의 원자 배열 구조를 비
교적 직관적으로 관찰할 수 있다는 것이다. 이 현미경으로는 결
정체 재료뿐만 아니라 다결정체나 무정형 재료 표면도 연구할 수
있는데, 그 전제 조건으로는 반드시 전기를 전도시켜야 한다는
것이다. 이런 현미경으로는 재료 표면의 원자만 볼 수 있을 뿐 재
료 내부의 깊은 곳에 있는 원자는 보지 못한다.

소립자 나누기

제5장 현대 물리의 원리가 숨어 있는 물리

20세기 이래 물리학자들은 100년간의 노력을 거쳐 물질 구조의 다섯 단계라 볼 수 있는 분자, 원자, 원자핵, 소립자, 쿼크를 밝혀냈다.

우리 주변의 일체 물질은 모두 분자로 구성되었고 분자는 또 원자로 구성되었다. 20세기 최초의 20년간에 물리학자들은 원자가 원자핵과 핵을 에워싸고 돌아가는 전자로 구성되었다는 것을 발견하였고 30년대에는 원자핵이 양성자와 중성자로 구성되었다는 것을 발견하였으며 40년대부터는 우주선 관측과 가속기 실험에서 더욱 많은 소립자들인 μ입자, Σ입자, π중간자, k중간자 등을 발견하였다. 그때에 사람들은 광양자, 전자, 양성자, 중성자, μ 입자 등을 소립자(素粒子 : elementary particle)라고 불렀다. 이런 소립자들은 물질을 구성하는 가장 기본적인 물질로써 크기나 구조가 없다고 인정하였으며 그 중 광자(photon : 광양자)는 전자기장을 구성하는 소립자라고 인정하였다. 지금까지 발견된 소

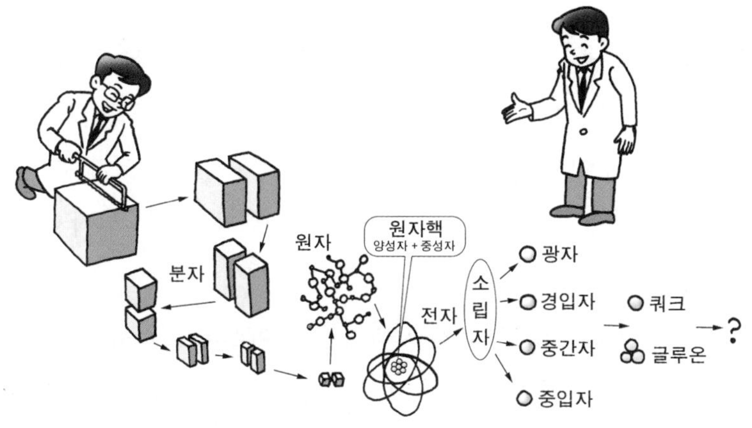

립자 종류로는 400여 가지가 있다.

소립자는 원자핵보다 더 깊은 단계의 물질 존재의 형식이다. 이런 소립자들 중에서 그 다수는 수명이 극히 짧으며 또 원자핵처럼 극히 미세한 공간에 존재한다. 또 이런 소립자들은 질량의 크기에도 서로 큰 차이가 있는데 질량의 크기와 성질의 차이에 따라 광자, 경입자, 중간자, 중입자 등으로 나뉜다. 소립자들 간에는 서로 다른 강력·약력·중력·전자기력의 4가지 힘이 존재하고 각종 소립자의 생성, 소멸 및 상호 전환 현상이 발생한다.

1960년대부터 물리학자들은 이런 소립자 중에서 다수인 양성자, 중성자, π중간자 등도 '기본'적인 것이 아니라 내부 구조가 있다는 것을 발견하였다. 이런 소립자를 구성하는 더 작은 입자를 '쿼크'라고 하였다.

쿼크란 1964년 겔만(Murray Gell-Mann)이 명명한 것으로, 현재는 6종(種) 3류(類)가 있을 것으로 예상된다. 6종의 쿼크는

업·다운·스트레인지·참·보텀·톱으로, 쿼크의 종은 향(좀 : flavor)으로, 유는 색(色 : color)으로 부른다. 입자가속기의 출력이 증가하면서 1977년까지 5종의 쿼크가 발견되었으며, 1994년 페르미연구소에서 톱 쿼크가 발견됨으로써 6종의 쿼크가 모두 발견되었다. 또 쿼크 사이의 강한 상호작용을 매개하는 접착제로서의 '글루온' 이라는 물질도 발견하였다.

　이와 같은 연구 분야를 양자색역학(quantum chromodynamics)이라 한다. 한편 1996년 페르미연구소는 양성자와 반양성자의 출동 실험 결과 쿼크도 내부 구조가 있을 가능성을 시사하였다. 또한 이들 쿼크와 상호 작용하여 이들에 질량을 갖게 해주는 '힉스 입자(스칼라 보존)' 도 예상되고 있다.

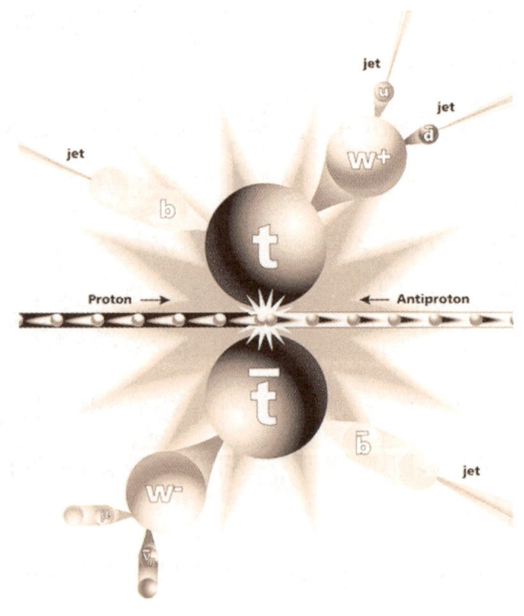

페르미연구소 충돌 실험

1964년 스코틀랜드의 물리학자 힉스(Peter W. Higgs)가 이론적으로 제안하였으며, 이 입자의 검출을 위한 강입자 충돌형 입자가속기(LHC)가 2007년을 목표로 유럽 CERN에서 건설중에 있다. 힉스가 질량을 만들어내는 원리는 힉스장으로 설명되며, 이 입자의 존재가 밝혀지면 기본 입자들이 어떻게 질량을 갖게 되는지 밝혀질 것이다.

비록 소립자나 쿼크 같은 입자들은 극히 미세한 공간에 존재하면서 일상 생활에서는 그 존재를 느끼기 어렵지만 과학자들은 가속기나 충돌기를 이용하여 미시적 공간에 있는 그것들을 '붙잡아' 놓고 탐측계기와 컴퓨터를 통해 탐측하고 분석하고 있다.

'소립자' 는 더는 분할하지 못하는 가장 작은 단위라는 의미지만 지금에서 보면 그것도 한낱 지나간 역사적 개념에 불과하다. 즉 '소립자' 도 '기본적인 것' 이 아니며 내부 구조가 있는 '입자' 라고 하는 것이 더 알맞다. '원자' 이하 단위의 입자라는 의미에서 소립자를 '원자 구성 입자' 라고 부르기도 한다.

최초의 '원자' 란 개념도 세계 만물을 구성하는 최종 단위란 뜻이었지만 그 아래 단계의 여러 물질들이 발견된 지금에 와서 원자를 더는 분할하지 못한다는 것을 믿는 사람이 없다. 하지만 '분할도 끝이 있다' 는 것을 믿는 사람은 아직도 적지 않다. '더 작은 세계' 에 대한 궁극적인 물질 구조의 연구는 계속될 것이며, 이에 따른 인류의 지식도 부단히 깊어질 것이다.

소립자 연구에 이용되는 거대한 입자 가속기

제5장 현대 물리의 원리가 숨어 있는 물리

'소립자'의 의미는 더 이상 나눌 수 없는 가장 작은 입자(원자구성입자)이다. 소립자는 대체 얼마나 작을까? 비유적으로 말하여 만약 확대경으로 탁구공을 지구만큼 확대해 보일 수 있다면 소립자는 이 확대경으로 탁구공만큼 크게 보일 것이다. 1조(조=억의 만배)의 소립자를 한 줄로 세워도 바늘 구멍을 가로로 지나갈 수 있다.

이렇게 작은 소립자는 사람들의 눈으로 그 운동 상태를 알아볼 수 없으며 가장 배율이 높은 현미경으로도 가려낼 수 없다. 과거에 과학자들은 소립자를 직접 탐측할 수 있는 계기를 만들어낼 방법이 없기 때문에 우주선(cosmic rays) 중의 고에너지 소립자들을 탐측해 연구했다. 그러나 우주선에서 고에너지 소립자가 나타날 수 있는 기회는 아주 적고 또 세기도 약하며, 더욱이 실험 요구에 따라 고에너지 소립자를 마음대로 통제하지 못한다. 따라서 과학자들은 입자 가속기(particle accelerator)라는 거대한 시설을 만들어 고에너지 소립자를 얻어냄으로써 소립자에 대한 실험을 효과적이고도 수량적으로 계획에 따라 진행할 수 있었다. 최초의 가속기는 선형 가속기로써 그 길이가 3km나 되었다. 만약 에너지가 20배 더 큰 고에너지 소립자를 생성시키자면 직선 가속기의 길이를 75km 되게 만들어야 하였다. 고에너지 소립자를 직선 궤도 대신 곡선 궤도를 따라 운행시킨다면 가속기의 크기를 줄일 수 있지 않을까! 1930년 미국의 과학자 로렌스(Ernest Orlando Lawrence, 1901~1958)는 원형 가속기인 사이클로트론(cyclotron)을 만들어낼 방안을 제출하였다. 이 방안에 따르면 사이클로트론의 지름은 2km이다. 연구하려는 소립자의 '크기'가 작을수록 수요하는 에너지는 더 많아지면서 가속기의 지름도 커져야 한다.

왜 작은 소립자를 연구하는 데도 거대한 가속기를 만들지 않으면 안 될까? 원래 소립자의 운동 법칙은 거시적 세계에서 관찰할

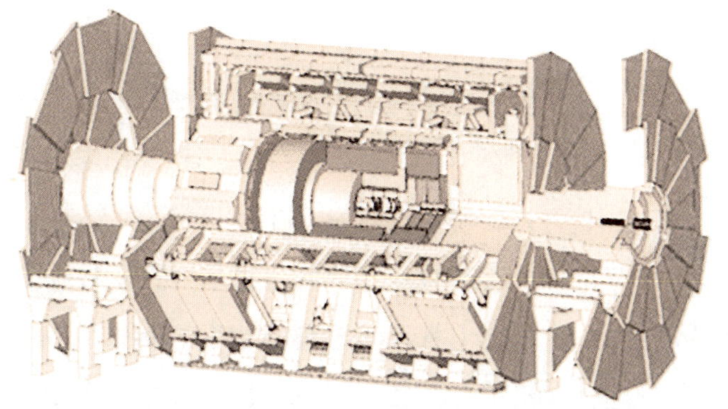

입자 가속기

수 있는 물체의 운동(예를 들면 탁구공의 운동)처럼 간단하지 않다. 소립자는 파동성과 입자성이라는 이중성을 가진다. 미시적 입자의 운동은 모두 파동을 동반하는데 이런 파동의 파장은 소립자의 운동량과 반비례한다. 탁구공 같은 물체도 파동성이 있지만 공의 질량이 소립자에 비하면 아주 크기 때문에 파동성의 파장이 아주 짧아 탁구공 운동에서 파동성의 영향을 전혀 고려하지 않아도 된다. 그러나 소립자를 연구할 때는 반드시 파동성의 작용을 중시해야 한다.

소립자의 구조를 알아내기 위하여 '해부칼'인 소립자의 파장은 짧을수록 좋다. 그렇지 않고서는 물리적 측정을 정확하게 하기 어렵다. 그러나 파장이 짧을수록 상응한 운동량이 커지므로 고속도로 운행하는 소립자를 직선 운동시키기는 쉽지만 곡선 운동을 시키자면 쉽지 않다. 이 문제를 해결하는 방법으로는 원형 가속기의 구부러진 정도를 작게 하는 것인데 이렇게 하자면 가속기의 지름을 크게 해야 한다.

과학자들은 과학 기술의 발전에 따라 가속기의 크기를 많이 축소할 수 있을 것이라고 예상하였다. 1953년에 미국 뉴욕 브루크헤이븐 국가 실험실에서 만든 양성자 가속기를 시작으로, 출력이 증가된 입자 가속기가 속속 개발되었다. 이들을 이용해 1977년까지 5종의 쿼크를 발견하였고, 1994년 페르미연구소에서 톱 쿼크를 발견함으로써 6종의 쿼크를 발견하였다.

또한 1996년 페르미연구소에서 양성자 가속기인 테바트론(tevatron)을 이용해 양성자와 반양성자를 충돌시킴으로써 쿼크

테바트론

도 그 내부 구조가 있을 가능성이 있다고 발표하였다. 또한 스위스 제네바의 유럽입자물리학연구소(CERN)는 2007년 가동을 목표로 '강입자 충돌형 입자 가속기(LHC)'를 설치하고 있으며, 이 시설이 완성되면 '힉스 입자'를 검출하고, 빅뱅 직후의 우주 연구에 기여할 것으로 보고 있다.

한편 양성자 가속기는 나노 기술·생명 공학·우주 공학 등 21세기 첨단산업의 중요한 시설이 될 것으로 전망된다. 한국에서는 2012년 100MeV의 빔을 내는 것을 목표로 양성자 가속기가 건설중에 있으며, 1994년 방사광 가속기가 포항에 건설되어 의학·공학에 이용되고 있다.

88. 어떤 물체든지 운동 속도는 광속에 도달하거나 넘어서지 못한다 – 아인슈타인과 빛

2005년은 아인슈타인(Albert Einstein, 1879~1955)이 상대성 이론을 발표한 지 100년(1905년 특수 상대성 이론 발표, 1916년 일반 상대성 이론 발표), 아인슈타인이 서거한 지 50년 되는 해였다. 유엔은 이 해를 '세계 물리의 해'로 정하고, '세계 빛의 축제' 행사를 열었다.

2005년 4월 18일 미국 프리스턴을 출발한 '아인슈타인 빛'이 세계 46개국을 거치며 24시간 동안 지구를 한 바퀴 도는 행사로, 광케이블을 타고 태평양을 지나온 빛은 한국 독도를 지나 서울로 전달됐다. 아인슈타인의 상대성 이론이 나오기까지 광속에 대한 연구는 여러 단계를 거쳐 발전했다. 그 역사를 살펴보자.

사람들의 일상적인 생활 경험에 따르면 어느 한 곳에서 발사한 빛은 그 순간 즉시 일정한 거리 밖에 있는 관찰자가 보게 되는 것처럼 느껴진다. 통신에서 말하면 빛을 반사한 것은 마치 신호를 발송한 것과 같고 빛을 본 것은 신호를 접수한 것과 같다.

신호의 발송과 접수가 같은 시각에 발생하였을까? 만약 같은 시각에 발생하였다면 광속은 반드시 무한하게 커야 할 것이고 그렇지 않다면 광속은 한계가 있는 것이다.

처음으로 광속 측정을 시도한 사람은 갈릴레이(Galileo Galilei)였다. 갈릴레오는 조수와 각각 램프와 덮개를 갖고 1㎞ 떨어진 산봉우리에 올라 한 사람이 램프의 덮개를 벗기면 건너편 사람이 그 빛을 본 순간 램프의 덮개를 벗기게 했다. 즉 램프의 불빛이 오고 간 시간 차를 이용해 빛의 속도를 측정하려 했으나 광속을 측정하는 데는 실패했다.

1675년 덴마크 천문학자 뢰머(Ole Christensen Rømer, 1644~1710)는 목성 위성식의 주기에 대한 관찰을 통하여 광속은 한계가 있다는 결론을 내렸다. 그가 측정한 광속 C $=2.1\times10^{10}$㎝/s였다. 1849년

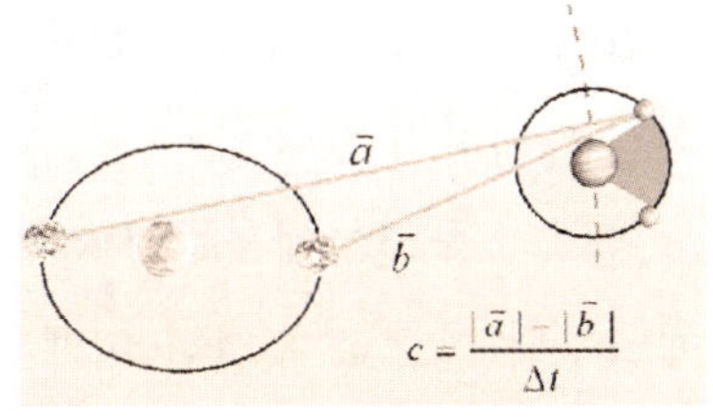

뢰머의 관찰

프랑스 과학자 피조(Armand H.L. Fizeau, 1819~1896)는 톱니바퀴를 이용하여 천체 현상에 의존하지 않고 지구에서의 실험만으로 성공적으로 광속을 측정하였다. 이때 피조의 실험값은 C $=3.15\times10^{10}$㎝/s였다.

또한 1862년 푸코(Jean B.L. Foucault, 1819~1868)는 톱니바퀴 대신 회전거울을 사용하여 $C=2.98\times10^{10}$cm/s를 얻었다. 이후에 몇 차례의 방식을 개선한 측정을 통해 사람들은 진공 속

에서의 광속 $C = 2.997925 \times 10^{10}$ cm/s라고 확정하였다.(간단히 30만 km/s라고 하여도 무리는 없다) 즉 빛은 1초 동안 지구를 7.5번이나 돌 수 있다. 빛의 속도가 이렇게 빠르기 때문에 일상적인 관측 거리에서 빛이 통과하는 시간이 극히 짧아 사람들은 빛을 보낸 것과 본 것이 같은 시각에 발생하였다고 착각하게 된다.

현재까지 세상에 있는 만물 가운데서 진공 속에서의 광속이 가장 빠르며 그 어떤 물체의 운동 속도도 광속에 도달하거나 광속을 넘어서지 못한다. 이것은 무엇 때문일까?

광속에 대한 토론은 단순한 속도의 크기를 말하는 문제가 아니라 사람들이 어떤 시간과 공간 개념으로 자연계와 전반 우주의 발전 변화를 인식하는가 하는 것과 관계된다. 이 점에서 뉴턴이 건설한 고전 물리학과 아인슈타인이 건설한 상대성 이론은 근본적인 차이점이 있다.

뉴턴의 물리학에서는 시간은 절대적이어서 흘러간 멀고도 먼 옛날부터 앞으로 무한한 미래까지 언제나 같은 방식으로 흘러간다. 공간도 절대적이어서 공간을 표시하는 길이는 언제나 고정되어 있다. 때문에 시간이나 공간에 대한 측량은 물체 운동 상태에서 영향을 받지 않는다. 이 외에도 뉴턴은 물체의 질량은 불변하는 물리적 양이며 어떤 운동 상태에서든 질량이 변하지 않는다고 인정하였다.

공간, 시간, 질량의 세 가지 기본적인 물리량에 대해 아인슈타인은 뉴턴과는 전혀 다른 이론을 가지고 있었다. 그는 이 세 가지 기본적인 물리량도 절대적인 것이 아니라 상대적인 것이며 물체의 운동 상태와 밀접한 관계가 있다는 것이다.

만약 정지하고 있는 길이 L_0인 막대가 속도 v로 직선 운동을 한다면 운동 상태에서 측정한 막대의 길이 L은 다음과 같다.

$$L = L_0 \sqrt{1-(v^2/c^2)}$$

여기에서 c는 광속이다. 광속은 아주 빠르므로 L은 L_0보다 짧으며 운동 속도가 빠를수록 L은 분명하게 짧아진다. 계산에 따르면 정지 상태에서 1m인 막대는 운동 속도가 $0.9c$일 때에는 길이가 0.436m밖에 안 된다. 즉 길이가 절반 이상 짧아졌다.

같은 원리로 만약 시계가 속도 v로 직선 운동하고 정지시의 시간 간격을 Δt_0이라고 한다면 운동 상태에서의 시간 간격 Δt는 시계가 다음과 같은 관계식이 성립된다.

$$\Delta t = \frac{\Delta t_0}{\sqrt{1-(v^2/c^2)}}$$

정지시에 시계는 하루에 24시간이란 시간 간격이 있지만 시계가 $0.9c$ 속도로 운동한다면 시간 간격은 55시간이나 된다. 시간이 2배 이상 느려졌다.

질량도 상대적이다. 아인슈타인의 이론에 따르면 정지 질량이 m_0인 물체가 속도 v로 직선 운동할 때면 운동하는 물체의 질량은 다음과 같은 관계식을 성립한다.

$$m = \frac{m_0}{\sqrt{1-(v^2/c^2)}}$$

정지 상태에서 질량이 1kg인 물체는 운동 속도가 $0.9c$일 때에는 질량이 2.29kg으로 늘어난다.

길이가 짧아지고 시간이 느려지고 질량이 늘어나는 현상이 정말 일어날 수 있을까? 고에너지 물리학의 많은 실험에서 과학자들은 이런 상대성 효과를 증명하였다. 과학자들은 일상 생활에서 물체의 운동 속도가 광속보다 아주 작기 때문에 비록 상대성 이론 효과는 있지만 그로 하여 생긴 변화는 아주 적어 사람들이 느끼지 못할 뿐이라고 지적하고 있다.

만약 물체의 운동 속도 v가 광속과 같거나 광속을 넘어선다면 어떤 결과가 생기겠는가? $\sqrt{1-(v^2/c^2)}$ 는 0이 아니면 허수가 된다. 이때 정지시에 길이가 있던 물체는 광속 운동시에는 길이가 0이나 허수로 줄어들 것이고 시간 간격 Δt_0와 질량 m은 무한하게 커지거나 허수가 될 것이다.

지금까지 이런 결론에 대한 합리적인 존재는 증명하지 못하였다. 이로부터 알 수 있는 것은 일정한 정지 길이와 정지 질량이 있고 모 시간 간격 Δt에서 운동하는 물체는 속도가 광속 c에 접근할 수 있지만 광속 c에 도달하거나 광속 c를 넘어서지는 못한다. 때문에 광속은 근대 물리학에서 모든 물체 운동 속도의 최고 한계이기도 하다.

한편 이와 같은 아인슈타인의 상대성 이론은 '빛의 속도는 불변' 이라는 가정에서 출발하였으나, 최근에는 '수 십억 년 전에는 빛의 속도가 지금보다 느렸을 수 있다' 는 이론도 나와 광속 불변의 법칙도 도전받고 있다.

질량이 거의 없는 중성미자로 우주를 연구한다

제5장 현대 물리의 원리가 숨어 있는 물리

1920년대 말에 과학자들은 β붕괴(원자핵이 전자의 복사로 다른 핵으로 변환)를 연구할 때에 붕괴 과정에서 일부분의 에너지가 사라진 것을 발견하였다. 그렇다면 아원자로 변화하는 과정에서는 에너지 보존의 법칙이 성립되지 않는단 말인가? 스위스 물리학자 파울리(Wolfgang Pauli, 1900~1958)는 에너지 보존 법칙을 설명하기 위해 중성미자를 도입하였다. 이 붕괴 과정에서 전하를 띠지 않고 질량이 0이거나 전자의 질량에 비해 극히 작으며 물질 간의 상호 작용이 아주 미약한 탐측할 수 없는 새로운 입자가 방출되면서 일부분의 에너지를 가져갔다고 가정하면 에너지 보존 법칙이 성립한다는 것이다. 파울리는 이 미지의 입자를 '작은 중성자'라고 하였고, 1934년 페르미(Enrico Fermi, 1901~1954)가 이 입자를

페르미

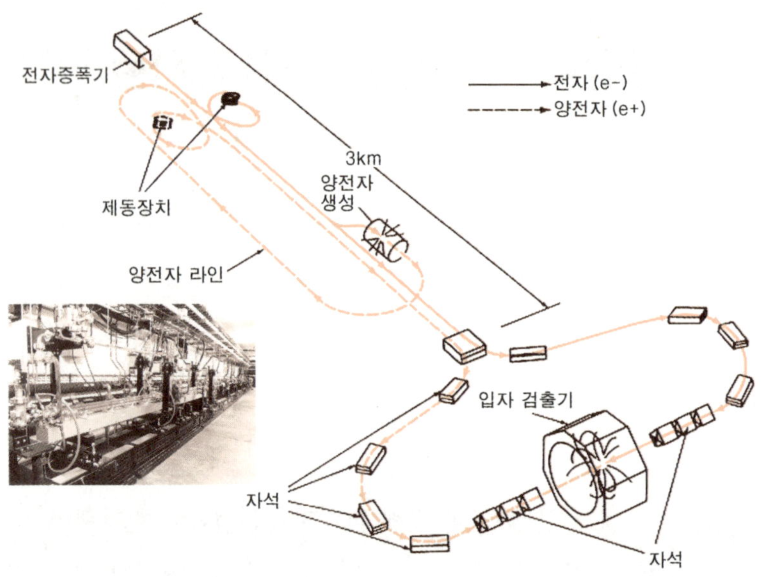

SLAC(Stanford Linear Accelerator Center)

중성미자(뉴트리노 ; neutrino, 中性微子)라 하였다.

중성미자와 물질 간의 상호 작용이 아주 약하기에 직접 중성미자를 탐측하기는 어렵다. 파울리 자신도 중성미자를 영원히 측정하지 못할 것이라고 하였다. 그러나 1953년 미국 캘리포니아 대학 라이네스(Frederick Reines, 1918~1998)와 코완(Clyde L. Cowan Jr., 1919~1974)은 원자로를 이용한 실험으로 중성미자를 측정하였다. 한편 1975년 미국 스탠퍼드 대학의 펄(Martin L. Perl, 1927~)은 선형입자가속기(SLAC)를 이용하여 τ 중성미자 를 발견하였으며, 이 공로로 라이네스와 함께 1995년 노벨 물리학상을 받았다.

현대 우주학의 연구는 3가지 중성미자가 있다는 것을 알려 주

262

었다. 전자 중성미자가 발견된 후에 μ 중성미자(1962년에 발견)와 τ 중성미자(1975년에 발견)도 발견되었는데 매개 종류의 중성미자는 모두 대응하는 반중성미자가 있다는 것도 발견되었다.

중성미자의 생성과정은, 태양의 핵융합반응에서 나오는 전자 중성미자, 우주선(cosmic rays)과 대기 중에 있는 원자핵이 충돌할 때 만들어지는 전자 중성미자, μ 중성미자, μ 중성미자가 진동 변환한 τ 중성미자, 우주 초기의 고온 고밀도 상태에서 생성된 것 등으로 추정해 볼 수 있다. 이들을 태양 뉴트리노 · 우주선 뉴트리노 등으로 부르기도 한다.

중성미자가 도대체 질량이 있는가 없는가 하는 것은 이 연구 분야에서 가장 관심있는 과제이다. 1970년대까지만 해도 사람들은 '중성미자의 질량은 0' 이라고 보편적으로 인정하였다. 1980년 구소련의 이론 및 실험 물리 연구소에서는 10년간의 측정을 거쳐 중성미자의 질량은 17 ~ 40 eV 사이라고 선포하여 전세계 물리학 분야를 놀라게 했다. 그후 세계 각국에 있는 여러 실험실에서 다양한 방법으로 이 결과를 측정하고 검사하였다. 중성미자 질량을 측량하는 실험은 계속 진행되고 있으며 최근의 연구 결과에 따르면 중성미자의 질량이 0이라는 가능성도 배제하지 못하고 있다. 그것의 질량이 10 eV일 것이라는 예측도 많다.

중성미자와 물질의 상호 작용은 아주 약하고 또한 포착하기 어려운데 어떤 연구 가치가 있을까? 한 개의 중성미자는 보잘것이 없지만 우주 공간에는 극히 많은 중성미자가 우주의 구석구석을 메우고 있다는 점에서 보면 의미가 있다. 1m³당 평균 3×10^8개 안팎의 중성미자가 있는데 이는 광량자 수에 맞먹으며 기타 모든 입자보다는 수십억 배나 더 많은 셈이다. 중성미자가 우주 공간에 대하여 아주 큰 영향을 끼칠 수 있다고 할 수 있다. 중성미자에 대한 연구는 보이지는 않으나 우주 밀도의 대부분을 차지하고 있다는 암흑물질 연구에도 큰 기여를 할 것이다(뉴트리노 천문학).

중성미자는 전하가 없고, 질량이 0에 가까우며, 광속에 가까운 운동을 하므로 중력의 영향을 거의 받지 않아 자유로이 우주 공간을 여행한다고 볼 수 있다. 점입자에 가까우므로 몇 십 광년 두께의 물체도 통과할 수 있다고 한다.

이처럼 중성미자는 항성계 내부를 거침없이 뚫고 지나가는 특성이 있기 때문에 태양이나 항성계 내부의 비밀을 밝히는 데 유리하다. 중성미자의 이런 특성을 이용하여 지구의 단층을 연구하고 지하 깊은 곳의 비밀을 밝혀내거나 중성미자를 통신에 이용해 위성이나 지면 레이더 송신소가 필요 없이 장거리 통신을 가능하게 할 수 있지 않겠는가 하는 구상도 하고 있다. 중성미자가 일단 사람들에게 완전하게 인식되는 날이 오면 중성미자를 이용한 과학 연구의 전망은 아주 밝아질 것이다.

반물질을 만들어 이용할 수 있다면

제5장 현대 물리의 원리가 숨어 있는 물리

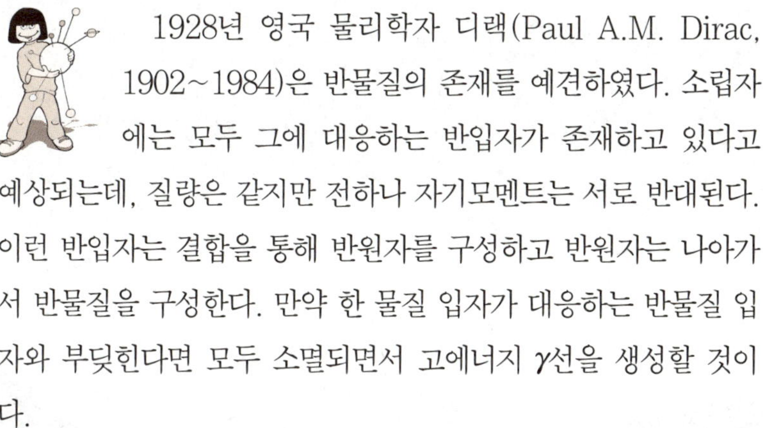

1928년 영국 물리학자 디랙(Paul A.M. Dirac, 1902~1984)은 반물질의 존재를 예견하였다. 소립자에는 모두 그에 대응하는 반입자가 존재하고 있다고 예상되는데, 질량은 같지만 전하나 자기모멘트는 서로 반대된다. 이런 반입자는 결합을 통해 반원자를 구성하고 반원자는 나아가서 반물질을 구성한다. 만약 한 물질 입자가 대응하는 반물질 입자와 부딪힌다면 모두 소멸되면서 고에너지 γ선을 생성할 것이다.

4년 후인 1932년 미국 물리학자 앤더슨(Carl David Anderson, 1905~1991)이 처음으로 반물질 입자를 발견함으로써 이 이론은 증명되었다. 그는 안개상자에서 우주선(宇宙線 ; cosmic rays)의 비적을 관찰하였는데 이 입자의 질량은 전자 질량과 같았지만 가지고 있는 전하는 반대였다. 이 입자는 양전자(positron)로 부르는 전자의 반물질이며, 이 발견으로 앤더슨은

우주선
N
π⁺
π⁰
π⁺
N
ν
π⁻
N
π⁺
ν
e⁻
e⁺
e⁻
e⁺
N
μ⁺
N
ν
n
p
n
p
π⁻
p
ν
전자기 샤워
강입자 폭포
μ⁺
μ⁺
μ⁻
μ⁺
ν
e⁺
ν
ν
ν

1936년 노벨물리학상을 수상했다. 고에너지 γ선의 작용으로 전자-양전자 쌍이 생성되나(전자 쌍생성) 이들은 극히 짧은 시간 내에 소멸한다(전자 쌍소멸).

1955년에 미국 버클리 실험실의 과학자들은 입자 가속기로 반양성자를 생성하였으며, 같은 해에 유럽 입자 물리 실험실에서도 가속기를 통해 양전자와 반양성자를 생성하였다. 또 그것들을 결합시켜 반수소 원자도 생성하였다. 반물질 입자를 생성하는 과정은 극히 짧은 한순간에 완성되었다.

반물질을 생성하여 그것을 이용해 보려는 연구와 실험은 계속되고 있으며, 이를 위한 실험 장비도 계속 발전하고 있다.

과학자들은 복잡하고도 정밀한 탐측 계기를 만들어 우주선에서 반물질을 찾고 있다. 이 반물질 탐측기로 지금까지 우주선에서 극히 적은 수량의 양전자와 반양성자를 발견하였을 뿐 보다 무거운 반입자는 발견하지 못하였다. 그러나 과학자들은 반물질은 우주의 어딘가에 숨어 있을 것이라고 믿고 있다.

암흑물질이란 무엇인가

제5장 현대 물리의 원리가 숨어 있는 물리

천체 물리학의 연구를 통해 사람들은 망망한 우주 공간에서 관측할 수 있는 발광 천체(전자기파 중의 X선, γ선을 발사하는 천체를 포함)의 질량은 이 공간의 물질 총량의 일부분에 지나지 않는다는 것을 발견하였다. 즉 우리가 밤하늘에서 볼 수 있는 반짝이는 천체의 질량은 우주 전체의 1%에 지나지 않는다고 한다. 하지만 대부분 질량을 어떤 물체가 가지고 있는가는 아직까지 밝혀내지 못하였다. 이런 보이지 않지만 확실하게 존재하고 있는 물체를 '암흑물질'이라고 한다.

과학자들은 1930년대 초부터 암흑물질에 대한 인식을 가지게 되었다. 1933년 스위스 천문학자 츠비키(Fritz Zwichy, 1898~1974)는 머리털자리 은하단 내의 각 은하의 운동을 통해 은하 전체의 총 질량을 계산할 때에 광도법과 동역학법 두 가지 방법을 응용하였다. 그러나 두 가지 방법으로 계산한 결과는 서로 크게 달랐는데 실제로 보이는 은하의질량을 합한 것보다 동역학적 방법으로 계산한 보이지 않는 물질이 100배 이상 컸다. 이렇게 큰 오차는 '발광 천체의 질량은 항성계 질량의 일부분이다'라고밖에 해석할 수 없다.

그렇다면 대부분 질량은 어디로 갔을까? 실제로 보이는 은하의 질량을 모두 합한 것보다 보이지 않은 물질이 훨씬 많이 존재한다는 것이다. 처음에는 이 보이지 않는 물질을 잃어버린 물질(missing matter)이라고 했지만, 이 물질은 잃어버린 것이 아니라 단지 보이지 않을 뿐이므로 암흑물질(dark matter)이라고 하게 되었다.

이 발견은 당시에는 별로 큰 관심을 불러일으키지 못하다가 1978년에 이르러 루빈 박사(Vera Cooper Rubin, 1928~) 등 일부 천문학자들이 항성계의 회전 곡선을 계통적으로 측량하면서 항성계 중심으로부터 다양한 거리에 있는 물체들이 같은 선속도를 가지고 있다는 것을 발견하면서부터 다시 관심을 불러일으켰다. 이 관찰 결과는 사람들이 잘 알고 있는 태양계의 상황과는 어울리지 않았다. 태양계에서 중심으로부터 멀리 떨어진 행성일수록 선속도가 작다. 이는 케플러법칙으로부터 알 수 있다. 같은 만유인력의 작용을 받아 생성된 항성계 주위 물체의 운동도 케플러법칙을 따라야 한다. 이로부터 과학자들은 항성계의 주위에 암흑물질이 존재한다고 가정해야만 관찰한 항성계의 운동은 케플러법칙에 따라 계산한 결과와 맞아떨어진다고 지적하였다. 따라서 사람들은 항성계와 발광 물체 외에 대량의 보이지 않는 암흑

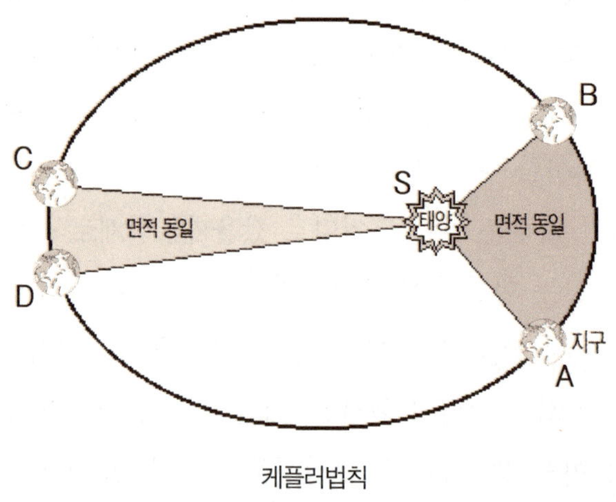

케플러법칙

물질이 반드시 존재하고 있다는 관점을 점차적으로 인정하게 되었다. 이런 관점 하에 과학자들은 암흑물질이 존재하고 있다는 많은 증거를 발견하였다. 예를 들면 1983년에 은하계 중심으로부터 20만 광년 떨어진 R_{15}성의 시선속도가 465 m/s라는 것을 발견하였는데 이렇게 큰 속도를 가지자면 은하계의 총질량은 발광 구역의 질량보다 10배나 더 커야 하였다.

이 외에 과학자들은 우주 기원에 대한 이론 연구에서도 암흑물질이 존재하고 있어야만이 이론이 완벽해진다는 것을 인정하게 되었다.

암흑물질이란 무엇인가? 이에 대해 과학자들은 여러 가지 가정을 하였다. 암흑물질은 우주 공간에 꽉 차 있는 기체나 먼지가 아니면 이미 어두워진 '죽은 별'일 것이다. 이런 가정은 비록 제기되고는 있지만 아직 연구중이다. 우주를 가득 채우고 있는 암

270

흑물질은 아직도 우리에게 많은 호기심을 불러일으키는 존재이다.

암흑물질의 추정물질 중 중성미자도 생각되고 있다. 중성미자는 우주에 확실하게 존재하고 있는 수량이 극히 많은 입자라는 것이 이미 밝혀졌기 때문이다. 더욱이 1980년 구소련의 이론 및 실험 물리 연구소에서 "중성미자의 정지 질량은 0이 아닐 것이다"라고 발표하면서부터 중성미자와 암흑물질 사이의 관계에 풍부한 상상을 가져왔기 때문이다. 중성미자의 수는 극히 많아 정지 질량이 아주 작다고 하여도 총질량만은 클 것이다. 이 외에 대다수 중성미자는 빛을 내지 않고 단지 매우 약한 전자기 작용만 있기 때문에 이런 성질은 그로 하여금 암흑물질처럼 보이게 한다. 지금까지의 연구로는 중성미자는 우주 전체 밀도의 약 1%를 차지한다고 한다.

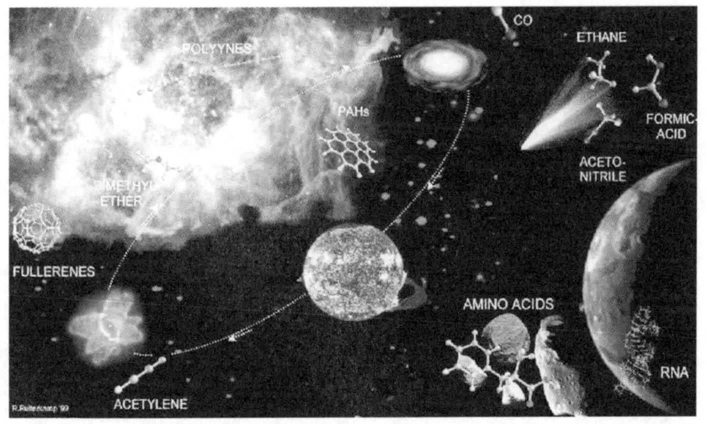